文春学藝ライブラリー

心はすべて数学である

津田一郎

文藝

目次

図版の原図は著者によります（39ページの図のみ当社作成）。

心はすべて数学である

プロローグ

脳と心の関係は古代から長い間議論され続け、様々な立場が存在しています。現代の脳神経科学は、心は脳の神経活動に還元されるという一元論を採っているように見えます。脳計測の技術が進み、さらには最新の研究で、バイオフィードバックという技術を介した身体の制御を脳活動そのものに応用することで、脳と心の関係が徐々に明らかになりつつあります。

物理学が好きでよく学び、それゆえに数学に敬意を払いよく学び、カオスに惚れこみ小さな発見をし、カオス的な観点から脳研究を志し、若いころに何人かの若い仲間たちと複雑系科学を構築しようと努力を始め、情報科学や数学を教える職に就いてきた私は、常に数学的な思考によって物事の本質を見ようとしてきました。そのこともあって、数学という学問の本質は何だろうかとずっと考えてきました。その結果、人の心の動きがまさに数学によって表現されているのではないか、という思いを強くするに至りました。この思いは年々強くなってきています。数学は心だ、と。

また、コミュニケーションの脳科学を研究する過程で、もともと完成している個々の脳が相互作用してコミュニケーションをしているのではなく、コミュニケーションの場によって個々の脳がそれを取り巻く環境に即時適応し、即時に機能分化を起こすように変化するのだと考えるようになりました。このことは重大な意味を持っています。私の心はどこから来るのだろうか、という問いを発する契機になるからです。もともと私に備わっているのか、それとも……？

コミュニケーションにおける脳活動を調べると、私と他者の区別はそれほど明確に確立されたものではないということを知るようになります。むろん、私の身体を支配しているのは私の心であり、他者ではないことは明白なように思われますが、本来は、私の心は他者の集合体として発展してきたと考えることもできるのです。私たちは生まれる以前、胎児の段階から外界の情報を感覚することができます。すでにこの段階から他者から発せられる情報が、まだ未熟な脳に刺激を与え続けます。さらに、生後においても、周りの人達や自然や人工物などの環境から発せられる情報によって脳は発達していきます。つまり、脳は他者の意志や志向によって発達していくのですから、他者の心が私の脳を発達させていると考えてもよいでしょう。こうやって行くうちに、だんだんと自我意識精神というものが構築されてくる。

このように他者の心によって構築された私の心は、また異なる他者によって構築された別の人の心と無関係であると考える方が蓋然性が高いように見えますが、しかし何か共通普遍項があるようにも見えます。そこで、共通普遍項として〝抽象的な普遍的な心〟というものを仮定し、それが個々の脳を通して表現されたものが個々の心だと考えてみることにしたのです。するとこの〝抽象的で普遍的な心〟が脳を発達させ脳活動を変化させ、その脳の構造や活動状態の変化を通じて個々の心が表されるという考えに至ります。ここで、抽象化された「普遍的な心」とは何か、どこから来るのかという問いが発せられるでしょう。私はこの抽象化された普遍的な心（普遍心）こそ、数学者が求めているもので、数学という学問体系そのものではないかと考えるに至りました。

本書では、この意味で数学は心だというテーマを扱います。この言明の数学的証明はできませんが、それでもこの言明は真であると信じる根拠がいくつもあります。それを説明するためにカオスの超越的な性質、科学的合理性の問題、複雑系科学の本質、脳の機能、特に記憶、思考・推論、感覚・知覚などの問題の中に数学的真理が埋め込まれていることを見ていきます。話題は多岐にわたっているように見えますが、全ては「数学は心だ」という命題が意識されています。

本書は文藝春秋の編集者の鳥嶋七実氏の質問に私が答えていくというインタビュー形式で始まりました。それをいったん鳥嶋氏が原稿に起こして私がチェックし、補足していきました。主題が難しいこともあり、また扱う個々のテーマも基本的には数学的なモデルの考えが通奏低音としてあるので、当初考えていたよりはずっと難しい作業になりました。しかし、鳥嶋氏の熱意と努力により、私のつたない考えをなんとか形にすることができたのです。私が示したかった数学は心だという命題を読者自らの思考の材料にしていただき、本書が新しい数学的宇宙観の構築と心の謎の解明のための一助となれば望外の喜びです。

第一章　数学は心である

「数学は心である」

数学は心である――。

こう言うと、まるで耳なじみのない荒唐無稽なフレーズに聞こえるでしょうか。数学はロジカルなもので心はもっとエモーショナルなもの、まるで真逆に位置する二つなのではないかと思われることでしょう。ところが、心という現象はいったい何なのかを考えるうち、物理、数学、カオス、複雑系、そして脳科学を科学者として研究してきた私は、ある種の必然としてこの結論にたどり着きました。

そもそも昔の数学者たちが数学に取り組んだのは、宇宙の調和とは何か、宇宙の本質というものを見たかったからなのでしょう。「万物は数である」と述べ、五角形の美しさを説き、それを自らが祖であった宗教団体・ピタゴラス教団のシンボルに掲げたピタゴラスも、そして分割不可能な最小のスケールとして三角形の美しさを説き、そこから〝イデア〟の概念へと発展させたプラトンも、数学の中に宇宙の原型を見ていたのです。宇宙を見たいとは、すなわち神を見たいということ、そして神というものは心でしか見ることができない。すなわち、数学は古代の数学者たちにとって、まさに心の学問でもあったのです。

ではなぜ私が「数学は心である」と考えるに至ったのか、ピタゴラスやプラトンとは時代もアプローチもまったく異なりますが、〝心〟について考えてきたことを述べてみたいと思います。

私の素朴な印象では、数学の証明というのは心の動きを表現しているのではないかと思われるのです。物理法則とは違って、数学は自然界の現象を表しているわけではありません。それ自体は宇宙の性質や気象など、何か現象を記述するためにつくられているわけではない。もちろん結果的に現象記述をするのにぴったりの数学がある場合はありますし、最近では明治大学の三村昌泰さん（二〇二一年逝去）が提唱していた現象数理学のように、自然現象や社会現象があって、それらを記述する数学を作りながら現象を理解していくという方法もあります。そこでは、当然、自然現象の数学モデルと言えば現象を記述することになるわけです。

しかし純粋数学では何ら現象を意識することがなく、数学的な対象に対する記述が行われます。また、現象数理学であっても純粋数学と同様に証明をするときは、自然現象の説明ではなく、数学的対象に対する論理的帰結の連鎖として対象の数学的構造を理解しようとします。このとき理解にいたる推論においては、前提があって結論があって、またその結論をもって次の前提として次の結論があって……ということを繰り返しやっていくわけですね。そのロジックというのは本来、前提があるとすぐに結論が得られると考えるものであって、そこには時間の入る隙間がないわけです。だけれど、数学の証明では、時間を追いかけて真なるものをみつけようとしているのです。

それは、こういうことです。数学の証明を見てみると、そこにはこういう仮定をするとこんな結果が導かれる、でも最終的に自分が証明したいことはこうだ、という過程が記述されています。1+1=2という数式ひとつとってみても、=の前と後に、それぞれ前提と結果があるということは納得してもらえるでしょう。そこには構造が生まれます。これが複数連なれば、それは表面的には数式の連鎖に見えるかもしれません。ところが、Aを証明するためにはBがわかっていなければならない、そのBがわかるためにはCがわかっていなければならない……、という緻密なつながりがある。数学者はこうした思考の連鎖について頭の中で思いをめぐらせています。

実際の証明の過程では、そうやって推論をするプロセスが必ず入ってくるわけです。そして、あるところまで推論の作業が頭の中で積み重なっていくと、では何を仮定すれば最終的にこの命題が証明できるのか、全体の構造が分かってくる。パズルのピースがそろってくる。互いに関係のなかったものが何らかの関係で結びつけられ、最終的な完成図が見えてくる。そこでようやく、証明をロジカルに記述していくことができるわけです。そこでは推論という時間の経過は書かれません。だから表面的にみれば、数学の証明とは仮定と結論の連鎖なんですね。そして仮定から結論を導くときには、それはあくまでロジックとして示されるので時間が入ってこないわけです。

しかし実際に数学者がやっているのは、自分自身との問答といってもいいものです。「この命題を証明するためにはこれが分からなければならない、ではそれが分かるためにはどんな仮定が必要か」「なるほどこの仮定でもって証明していくと、いよいよ結論が出るだろうな」などと推論をめぐらせている。ではこの命題が証明できたら、どういう構造が現れるのだろうか。この証明はどのような数学的意味をもつのだろうか。あるいは、証明したいこととの構造に対して、現段階ではどこまでのピースが集まったのか。果たしてこのピースを入れたとすると、構造の何が補強されるのか。心の中で問答しながら、点検しながら、ああでもないこうでもないと、様々に緻密な思考をしているはずなのです。

そういう意味で、数学の証明という作業には心の動きそのものが表れているといえます。もちろん数学の論文自体は思いをめぐらせた通りには書かれていない。あとで整理した結果、仮定と結論の積み重ねのみがシンプルな形で示されているからそうとはわからない。しかし、実際の数学者の証明の仕方を見てみれば、あるいはもしそのさなかの数学者の脳の働きを見てみれば、そこでは明らかに心を反映した脳活動が見られるはずです――。

その一端を実感してもらうために、いくつか具体例を挙げてみたいのですが、まずは、次の命題を考えてみましょう。

（命題1）1からnまでの自然数の和は$n(n+1)/2$で与えられる。

数学の天才、ガウス（1777‐1855）が小学生のとき、「1+2+3+……+100を求めなさい」と学校の教師に課題を出され、即座に(100+1)(100/2)=5050と答えた、というエピソードが残っています。これは、n=100の場合ですね。ガウスは1から100までを一直線に並べて、その下にもう一列、今度は逆に100から1までを並べて上下の項をそれぞれ足せばすべてが101になる、だから101×100÷2の計算で答えが出ることを瞬時にやって見せた。それだけでなく、ガウスはすでに小学生のときに命題1に示した1からnまでの自然数の和の公式をも導いていたという話です。少年ガウスはすでに幼い頃から心を素直に対象に向け、明晰にして明白なことだけを頼りに正しく推論し、公式や定理を導くことができたのです。

ここで、1+2+3+……+nという計算の答えを一般的に導く方法を示しておきましょう。順々に計算していくと、nが大きければ途方もない道のりで答えは出そうにありません。どんなにnが大きくなっても、これを手っ取り早く計算する方法はあるでしょうか。項は一つひとつ順に並んでいることがわかります。どの隣同士をとってみても差は1

です。そこで、まず両端の数を足すと、$n+1$になります。両端からひとつ内側の数同士を足すと$2+(n-1)=n+1$でやはり$n+1$になります。このようにして計算を続けて、残っている項の両端をそれぞれ足していくと、いずれも$n+1$になることに気づくでしょう。そして最後の和は、nが偶数ならば、$n/2+(n/2+1)$で、計算すると$n+1$になります。これが全部で$n/2$個ありますから、答えは$n(n+1)/2$となります。次にnが奇数ならば、最後の項は$(n+1)/2$であり、それ以外は両端を足した和は$n+1$で、その個数は$(n+1)/2-1$ですから、全部の和は$(n+1)\{(n+1)/2-1\}+(n+1)/2$で答えはやはり、$n(n+1)/2$となります。

さて、次にかの有名な「ピタゴラスの定理」を考えてみましょう。

（命題2）図(1)のような斜辺の長さがc、他の辺の長さがa, bである直角三角形に対して$a^2+b^2=c^2$である。

直角三角形の斜辺の2乗は、他の二辺の2乗の和に等しいという有名な定理ですね。3つの2乗（平方）に関する定理なので、三平方の定理ともいいます。さて、この命題を説明する心の働かせ方はどのようなものでしょうか。証明したいことは、それぞれの辺の長さの2乗の関係ですから、心をこの〝辺の2乗〟というところに働かせましょう。

みなさんは、辺の2乗は面積を表しているな、と心を通わせてみるでしょうか。c^2は辺の長さcの正方形の面積です。a^2もb^2もそれぞれ辺の長さがa, bの正方形の面積を表しますね。

さらに図(2)のような図を描いて2つの正方形を眺めてみましょう。しかし、いくら眺めてもcの正方形の面積がaとbの正方形の面積の和だという直観が働いてきません。これではダメですね。図(2)からでも証明をすることはできますし、実際、最初の証明はこの図にもとづいて行われました。ここではもっと簡単に心の動きと連動した証明法に焦点をあてましょう。そこで$c^2=a^2+b^2$という式の右辺をしばらく眺めていると、$a^2+b^2=(a+b)^2-2ab$だということに気づきますね。しかもabというのは問題にしている直角三角形の面積1/2abの2倍です。何かここにヒントがありそうだと心を働かせてみます。

すると、(3)のような図が心に浮かびます。三角形EAFが図(1)の三角形です。角AEFは90度から角AFEを引いたものですが、同時に90度から角DEHを引いたものでもあるので、三角形EAFと三角形HDEは相似で、しかも対応する辺の長さが等しいので合同です。合同な図形の面積は等しいということを認めると、次のような計算が成り立ちます。

大きな正方形ABCDの面積は$(a+b)^2$です。真ん中の正方形EFGHの面積はc^2で

ピタゴラスの定理

(1)

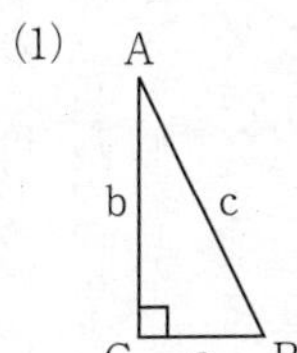

直角三角形ABCの直角をはさむ2辺の長さをa、b、斜辺の長さをcとすると、

$$c^2=a^2+b^2$$

(2)

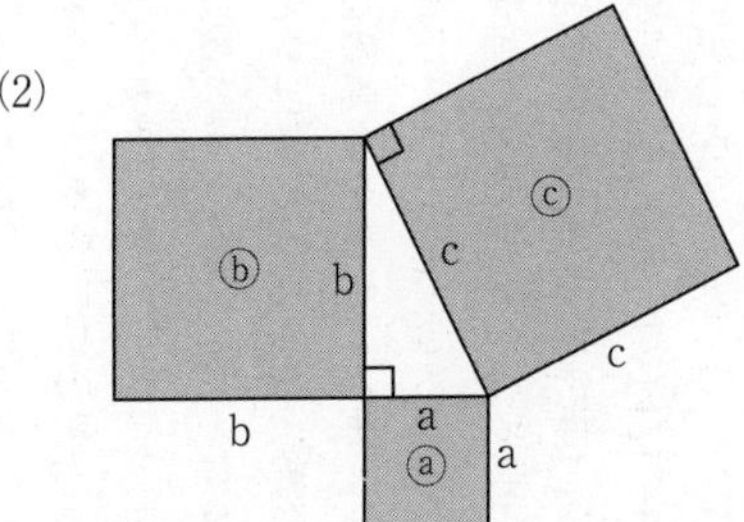

(3)

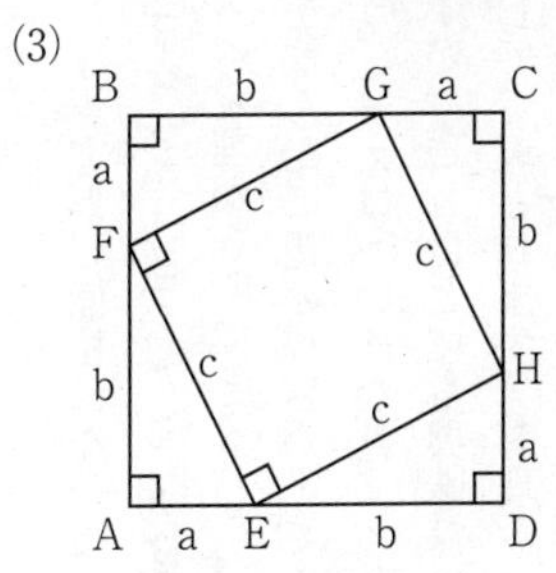

正方形ABCDの面積をS_1とすると、

$$S_1=(a+b)^2=a^2+2ab+b^2$$

S_1はまた、正方形EFGHと(1)の三角形４つの面積の和S_2としても求められる

$$S_2=c^2+4\frac{1}{2}ab=c^2+2ab$$

$$S_1=S_2$$

$$a^2+2ab+b^2=c^2+2ab$$

$$a^2+b^2=c^2$$

す。四隅の三角形の面積はみな等しく、それぞれ $1/2ab$ です。

四つの三角形の面積と小さな正方形の面積の和が大きな正方形の面積になりますから、$c^2+4\times1/2ab=(a+b)^2$ となります。すなわち、$c^2+2ab=a^2+b^2+2ab$。ここで $2ab$ を両辺から引くと $c^2=a^2+b^2$ が得られますから、ピタゴラスの定理が証明できました。

では、応用としてこのピタゴラスの定理から、直角を挟んだ二辺の長さが1であるような直角二等辺三角形の斜辺の長さを求めてみましょう。答えは $\sqrt{2}$ になりますね。このように自然数から無理数を作ることができるわけですが、これはとても興味深いことだと思われます。無理数は有理数の隙間を埋める数として定義されます。有理数はどの有理数の近くにも無限に有理数が存在する稠密(ちゅうみつ)性という性質をもっている。それゆえ例えば、$1\to1.4\to1.41\to1.414\to1.4142\to1.41421\to1.414213\to\cdots$ という有理数の数列の極限として $\sqrt{2}$ を作ることができます。このように無理数の存在は実数の連続性と関係しています。こうして有理数からなる数列の極限として無理数が現れることを知るわけですが、ピタゴラスの定理を使うと、自然数からでさえ、また収束概念を使わなくても無理数が自然と定義されます。

こうやって数学者はそれぞれ専門的な数学的対象について心を働かせている。でも、こうした心の動きはある意味で、人々がいつもやっていることと類似しているとも考えられます。日常的に私たちは数学的対象に対してではなくとも、日常空間で起きるいろんな対象に対して数学者の思考とそれほど違わない仕方で心を働かせているのですが、微妙なずれが生じることもあります。その心の働かせ方のわずかなずれが大きな結果を導く場合がありますので、次に例を挙げて説明してみましょう。

日常的な感覚と数学的な感覚――ゼノンのパラドックス

〝日常的な心の働かせ方〟と〝数学的な心の働かせ方〟の関係を探るために考えてみたいのは、古代ギリシャの哲学者であるゼノン（紀元前４９０頃‐４３０頃）の「アキレスとカメのパラドックス」です。アキレスはカメを永遠に追い越すことができない、という有名なものですね。

古代世界最速の走者アキレスとカメが競走します。足が遅い分ハンディをつけて、最初カメはアキレスよりも１００メートル先にいることにしましょう。アキレスはカメより足が速く、毎秒10メートルで走ります。カメは毎秒10センチで歩くとしましょう。ここで同時に出発するとどうなるでしょうか？

アキレスがカメのいた場所であるB地点に来た時にはカメは少しだけ進んでC地点に達しています。アキレスがさらにC地点に達すると、カメはまた少し先に進んでD地点にいます。つまり、どんなにアキレスがカメに追いつこうとしても、カメが前にいた地点にアキレスが到着した時には、カメはさらに先に進んでいるのです。これが無限に繰

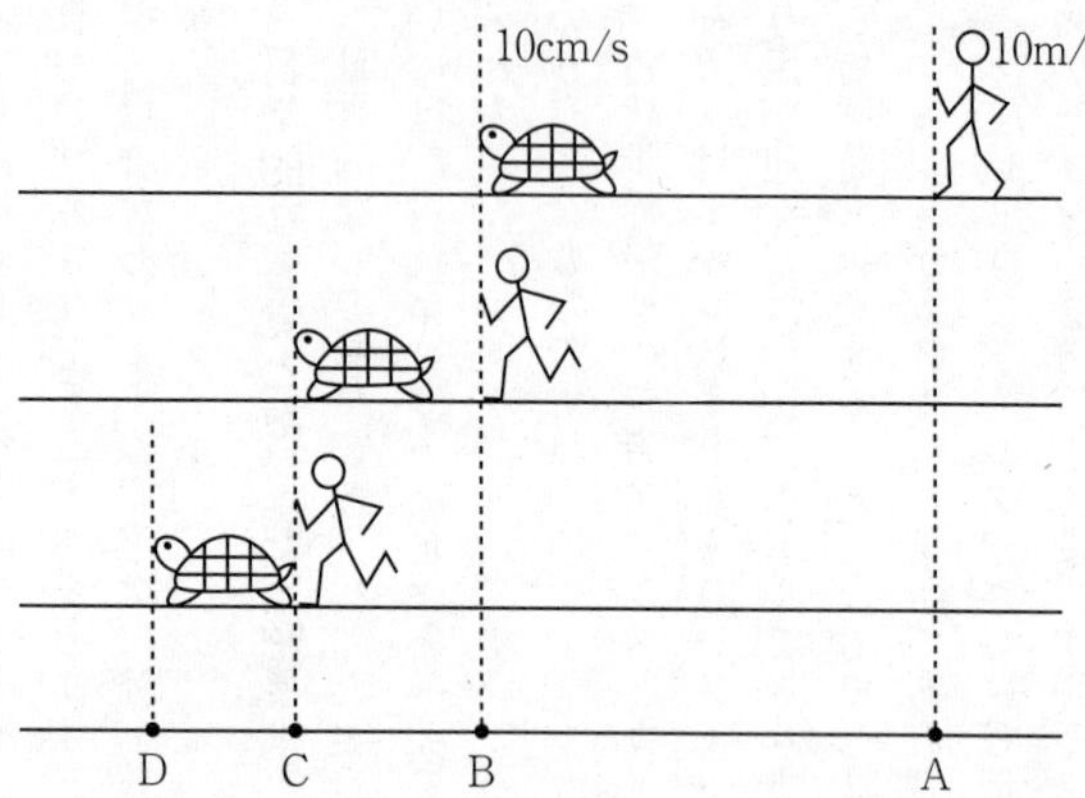

アキレスとカメのパラドックス

り返されるので、アキレスはカメに永遠に追いつくことができません。アキレスは無数の空間を走り抜けなければなりません。

しかし、実際には、アキレスがカメに有限時間で追いつくことができるのは日常的な感覚でしょう。また、この感覚が正しいことは計算で確かめることができます。最初にアキレスはカメが元いた地点Bに到着するのに10秒だけの時間がかかります。これを第一の試行としましょう。この間にカメは、1メートルだけ進んでいます。このC地点にアキレスが到着するのに、0・1秒だけ時間がかかります。これを第二の試行としましょう。そのときカメはさらに0・01メートル先のD地点にいる。そしてアキレスがDに到着するのにはさらに0・001秒だけ時間がかかります。このようにしていくと、n+1回目の試行においてアキレスのかかる時間を求めることができます。試行時間は試行回数が増えるとどんどん小さくなり、試行回数のnを無限大にもっていくと、試行時間は0に収束することがわかります。その時までにアキレスが進んだ距離Lを収束列の和の公式（$a+ar+ar^2+ar^3+\cdots=\frac{a}{1-r}$　$0<r<1$）を使って計算すると、

$$100+1+0.01+0.0001+\cdots\cdots$$

$$=100+100\times\frac{1}{100}+100\times\left(\frac{1}{100}\right)^2+100\times\left(\frac{1}{100}\right)^3+\cdots\cdots$$

$$=\frac{100}{1-\frac{1}{100}}=101.\dot{0}\dot{1}\cdots\cdots$$

となり、$L=101.\dot{0}\dot{1}$メートルとなります。

またその時までに要した時間の総和はやはり収束列の和の公式を使って$T=10.\dot{1}\dot{0}$秒となります（ここで数字の横につけた点は、この数が繰り返されることを表します。つまり、101.0101……と小数点以下が無限に続きます）。

つまり、アキレスはカメに有限の時間で追いつき、その時までに有限の距離だけ進んでいることになります。ポイントは計算に無限級数（無限個の数列の和）が現れること

です。つまりアキレスがカメの元いた場所に到着するという試行回数（行為の回数）は無限個ですから、試行回数に心を向けると、無限にいつまでも続いて、追いつけないという感覚になります。しかし、この無限級数が有限の値に近づくこと、〝収束する〟ことを知っていると、有限時間で有限距離進んだところで追いつくことが了解されるのです。

このパラドックスから、日常的な心の働かせ方と数学的な心の働かせ方の違いの一端を読み取ってもらえるのではないでしょうか。つまり、日常的な感覚では毎回の試行に心を留めると、アキレスが亀に追いつくには無限に試行回数が必要なので追いつけないのではないかという疑問が出てきます。しかし、この運動を記述する数学を知っていれば、扱っているのは収束列だからアキレスは亀に有限時間で追いつき、したがって有限時間の後には追い越すことができると結論づけることが可能になるのです。

感覚は具体的なもの、感性は抽象的なもの

日常的な感覚と数学的な感覚にはズレがある。それは数学を苦手だと感じる人ほど強く思われるところかもしれません。では、なぜこのような感覚の違いが生まれるのでしょうか。

そもそも感覚というのは目、耳、皮膚、鼻、舌のような感覚器官を通じて脳に入って

くる情報で、脳内での情報処理の仕組みは人類共通です。ところが、その処理がどのように行われるのかというところで違いが表れます。神経系のネットワーク構造が人によって少しずつ異なっているために、情報処理の結果が異なってくる。だから感覚は人によって異なり、異なる感じ方というものが生まれるのです。しかし一方で、感性というものは非常に抽象的で普遍的なものです。感性はほぼ人類に共通して存在しますね。〝青さ〟や〝赤さ〟に対する感覚は住んでいる環境によって多少異なってきますが、そこから得られる感性は共通であるようです。

例えば、インディゴブルーの色を藍色と考えるか青と考えるか、それは色の語彙が言語によって異なるために感覚の違いが表れるところでしょう。しかし一方で、〝青さ〟から〝哀しみ〟を想像するのは人種や住む環境によらず普遍的であるようです。〝赤さ〟からは、多くの人が〝情熱〟や〝温かみ〟を思うでしょう。つまり感覚は具体的ですが、感性は普遍的です。では、思考や推論はどうでしょうか。みなさんは思考や推論は抽象度が高いゆえに普遍的であると考えるでしょうか。

しかし実は、思考や推論こそ個々人でまったく異なっていて非常に具体的なもの、そこに普遍性はありません。人によって考え方がどうしてこんなにも違うのかと日常生活で感じる場面は、むしろ多くあるのではないでしょうか。消費税増税に賛成か反対かという政治的なテーマ一つとってみてもそうでしょう。そこには賛否だけでは割り切れないグラデーションがあり、どんな職業についているかによっても意見は異なり、人の数だけ主張の論拠がある。「税収を確保するためには必須の手段だ」「家計に響くから増税には反対だ」……このような具体性を持った思考や推論を抽象度の高い人類普遍の方法に昇華させたものが論理であり、数学の証明の基盤になっているものです。

ところが他方で、数学そのものは別の抽象性をも内在させています。すなわち、感性という抽象性によって成り立っている。これを一般論として説明するのは難しいですが、そのことを端的に表現した人がいます。多変数解析函数論という分野における難題を解決した岡潔（1901－1978）という数学者です。岡は形式論理とも計算とも関係ない数学を作りたいと言っていたように、数学がいわゆる形式論理ではなく感性によって成り立っていることを強く感じていた人で、「数学は情緒である」と表現し、数学が人の感性によって成り立つ学問だということを強調したのです。

例えば日常生活で、明日は天気になりそうなので花見に行こう、どこがよいだろうか、Aは混みそうなのでBにしようか、でもBだと車ではちょっと行きにくいので、ならば車はやめて電車で行こうか、それとも車で行きやすい別の場所にしようか……などという思考や推論は起こりうることです。ところが、〝明日は天気になりそうなので〟以降の推論はむしろ、人によって異なる任意のものであって、その人の価値や感覚に依存するでしょう。どんな交通手段で行こうか、どんな服装で行こうか。いくらでも別の可能性はありそうです。

　この心の働き方を抽象度を上げて普遍的にしたものが数学の論証であって、かつ、花見に行きたい、美しいものに触れたいという感性によってそれ以降の推論が成立するのと同じ意味で数学的内容には普遍性があり、それゆえに数学には〝普遍的な心〟が宿っていると言っていいのだと思います。ここでいう普遍的な心とは、一人ひとりそれぞれの心は違っても共通項として浮かび上がるような、ある意味、宇宙の構造、あるいは〝神〟が人の脳を通して表現しうるものと言ってもいいかもしれません。

　感覚と感性の違いは日常的な推論と同様、数学的な推論の場面でも現れます。証明だって、一つの命題に対してその道筋は人の数だけありうるのです。「ピタゴラスの定理」一つとっても、三角形の各辺に正方形を貼りつける方法（ここでは直観的でないので採用しませんでした）や、ここで採用した直角を挟む二辺の長さの和を一辺とする正方形を考える方法など、複数の証明の仕方がある。それは数学者によって情緒の度合いが違っていることに依るのです。しかし異なる証明を誰もが認めることができるのは、感性に共通項があるからです。

　このように数学者にとって空間というのは数学的対象である一方で、一般的な人にとっては日常的な空間であって、その空間のいろんな出来事に心を働かせている。そしてだから数学という学問は、我々が日常的に心を働かせている心の動きというものをある種、抽象化させているとも言える。それならば数学の証明や定理を見れば、人の心の動き方について、何かヒントが得られるのではないか——これが「数学は心である」という発想の源なのです。

「有限」から「無限」をつくる

そうはいっても、「数学は心である」とはまだ抽象的な話の枠を出ないでしょうから、ここで数学的空間と日常空間は実はそう遠くないことを、「無限」の概念を軸に考えてみたいと思います。

我々は有限の世界に住んでいます。思考も有限だし時間も有限で、エネルギーも有限、命も有限。ありとあらゆるものが有限な中で、そこから無限を想像するのは並大抵のことではありません。でも、高校数学では無限について誰しもが習いますね。無限という概念を数学で示す仕事は、19世紀後半に「集合論」を創ったドイツのカントルやポーランドの数学者たちがやってきたものです。無限や収束といった概念を扱う解析学の硬い基礎を、何人かの数学者たちが塊となって作った時代がある。それは数学の風景を刷新し、概念を根底から問い直す大事業でした。

代数学や幾何学と並ぶ解析学という数学の一分野は、古くは古代ギリシャ時代の図形の面積や体積を求める方法にまでさかのぼることができますが、近代的には平面上の座標の概念を確立したデカルトの直交座標（デカルト座標、英語ではデカルトの名をとってカーテシアン座標といいます）の導入、曲線の接線や最大、最小などの極値問題に対するフェルマーの研究などによって発展し、さらに17世紀のニュートンとライプニッツによる微分積分学の発明によってブレークスルーが起きました。ニュートンが運動の法則を微分方程式で記述したことはよく知られているでしょう。これがガリレオによる古代ギリシャから続いたアリストテレス物理学からの脱却を決定づけ、近代物理学が始まったのです。また、微積分学によって図形の面積や体積を求める一般的な方法が確立し、さらに測るということの数学的概念をより精緻化するルベーグ積分論へと発展していきます。そしてこの二つの方向への発展は、決定論的な力学とサイコロを振るような確率論、つまり必然の科学と偶然の科学が交差するカオス現象の数学へと収斂（しゅうれん）するのです。我々は今これらの人たちの業績の上に乗っかって解析学をやっているわけです。

基本的には我々の思考は、離散的（つまりバラバラ）で有限なものしか扱うことができません。でも、そこに本当は連続体があると考えてみる。また、はるか彼方の一点に向かってどこまでも伸びてゆく線があると考える――それが無限です。もちろん、有限なものから連続体に近づくことができると考えるのは、仮定でしかない。しかし有限からどうやって連続体という無限に想像力を近づけていくことができるのか、その思考がまさに人間の脳の思考の典型だと思っているのです。無限は数学の概念であるだけではありません。

もちろん、その一つは∞やε（イプシロン）やδ（デルタ）といった数学的記号で表現されていますが、数学に限らず、私たちの日常の思考もまた、基本的には有限のものから、いかに無限のものを作り出すかということなのです。たった有限個の事実から、我々はそれを補完していろんなことを想像します。久しぶりにメールをよこした旧友の真意は何だったのか？　あの慇懃無礼な物言いには何か裏があるのか、それともそういう言い方がしみついてしまったのか。事実はああいうことではないか、こういうことではないかと類推をしたり解釈したりします。解釈は幾通りにも可能でしょう。小説の読み方に正解がないように、解釈は人の数だけ開かれています。類推をする空間は無限に広がっているはずです。実際に取り出せる事実の数は有限であっても、その類推や解釈の可能性は無限にあるということです。ただ逆に言えば、同じ材料を与えられても、それをどう解釈するのか、考えていることはみんな違う。だから論争というものが起きる。百人いれば百人みんな意見が違うし、一億人いれば一億人違うと言ってもいいでしょう。

　では、なぜ有限のものしか考えられないのかというと、その原因はおそらく脳の処理スピードにあると思われます。少し脳科学的に説明してみましょう。視覚においても聴覚においても、見たり聞いたりした情報を脳で処理するには0・3秒くらいかかってしまう。例えば「見る」という行為を考えてみると、目に入った情報を脳が処理して「見

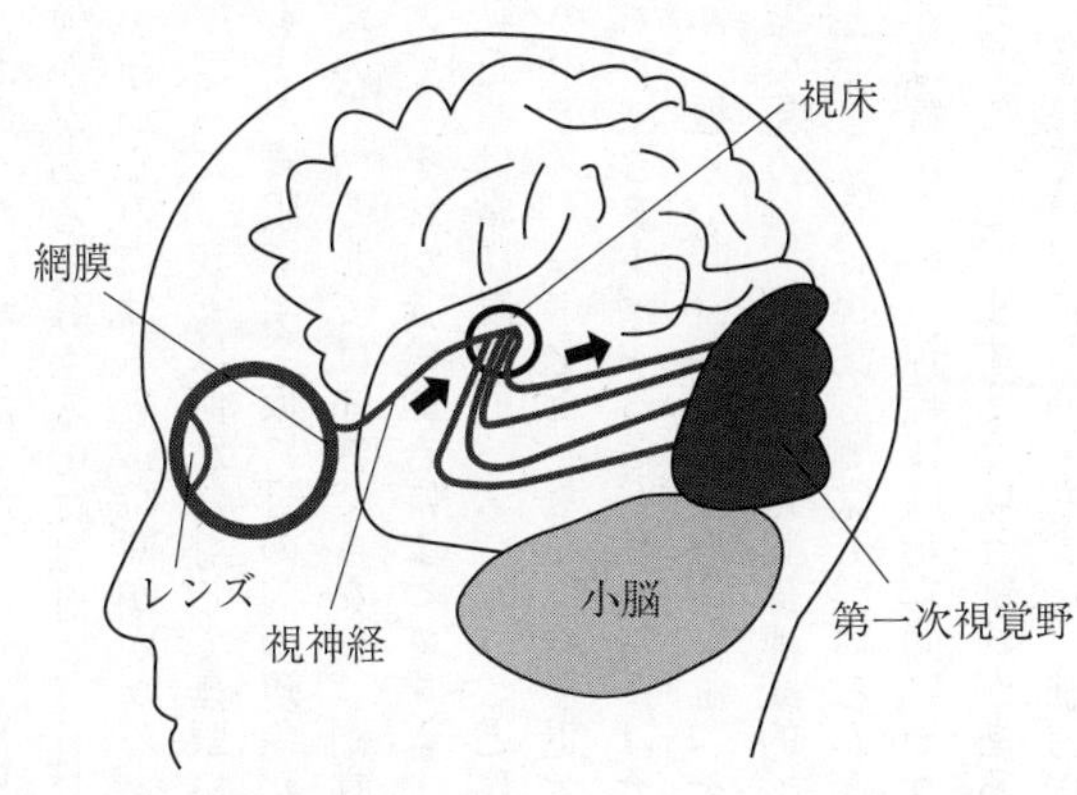

初期視覚の構造：目から脳へ

た」と認識されるまでに0・3秒の時間がかかります。つまり、「見えた」「聞こえた」と思った時、見たもの、聞いたものの現象はすでに過去のこと、0・3秒前の出来事というわけです。

そもそも目で何かを見るというのは、レンズを通して光が入ってきて、その光を捉えるということです。光の刺激は網膜で神経の情報に変換されて、神経線維を通って後頭葉にある「視覚野」の一部にまで行く。こうして、外の情報が目を通して「視覚野」に写しとられて処理されていった結果、はじめて「見た」ことになるのです。

しかし、目で見て何かがあるかどうか分かることと、あると分かった時にそこに何があったのかが分かることの二つの間には、さらに時間の開きがある。「見る」という行為一つとってみても、一様ではない。あるかないかが分かるのは0・03秒くらい、何があったかが分かるのには0・3秒くらいかかる。つまり、「赤い風船を見た」とき、何かがあると分かるのには0・03秒かかり、その「何か」が「赤い風船」であることが分かるのにはさらに時間がかかる。知覚にはこのような時間的制約があります。

さらに、我々は何かに対して無限に注意を向けていることはできません。つまり意識もまた有限です。仮に目の前の現象が連続的な出来事だとしても、我々はその現象を連続のものとしては知覚できない。知覚というのは、数十ミリ秒おきにコマ送りになっていて、それが脳の働きによってスムーズに見えているだけです。つまり実際のところ、私たちは常に離散的、ステップごとにしか出来事を感じられません。例えば、真っ暗闇の中でストロボをたいたところを想像してみてください。ストロボはある一定時間間隔で明滅します。すると、私たちにはその一定時間間隔ごとの像しか見ることができません。振り子時計の振り子の運動を、その周期と同じ一定の間隔で明滅するストロボのもとで見ると、振り子の運動は連続的ですが、私たちの目には振り子は止まって見えることでしょう。視覚も聴覚も、いろんな感覚器官は連続的に知覚できない。注意もそう長くは続かない。神経には基本的にそういった性質があるわけです。つまり、脳には入口のところで、まずそういう制約がある。

そして出口においてもまた、制約があります。ここでいう出口とは刺激に反応する行動です。行動は有限に制約されています。私たちの身体は有限です。関節も有限個しかありません。関節を使った運動は多種多様だけれども、無限に多様な運動はできないわけです。だから出力は入力に比べると非常に選択肢が少ないんですね。情報がたくさん入ってきたとしても、出力の数は限られます。もっと平たく言えば、日常の行動を考えてみたとき、そのほとんどが習慣に従った定型行動であることがわかるでしょう。例えば、家を出るときにいつもと違う道を行こうとするとかなりプレッシャーがかかりますね。なかなか通い慣れた道を変えることはできません。それほどに定型的な行動を我々はしているのです。むろん、行動の選択肢が限られているから定型行動が可能になるのですが、行動に結びつく結論を導き出す判断能力の有限性に起因していると言うこともできます。

こうして、出力のほうは入力に対して自由度が少ないと言えます。入力のほうにも、先ほど説明したように時間的な知覚の制約があるわけです。だから我々は、基本的には有限の世界の事象しか捉えられない。それでは無限は数学の概念にすぎないのでしょうか？　例えば〝推論〟という思考をとってみたらどうでしょう。AならばB、BならばCと考える数学的思考も推論ならば、限られた事実から「ああではないか、こうではないか」と思いをめぐらせてみることもまた〝推論〟です。そして、ここでは逆に有限から無限の世界に挑戦しているといえる。だから想像というのは、なにげなくやっているようで実はものすごく大きな能力なのです。離散的に捉えた有限の事象から、それをつなぐことによって無限の世界を作り出しているわけですから。

アプリオリな時間と空間

有限の事象からどうやって無限の世界を作り出しているのか。例えば、音楽はどのように生まれ、映画はどのように作られるのか、また数学の問題はどうやって作られるのか？　たくさんの場面が思い浮かびますが、有限の事象から無限の世界を作るには、想像力が必要になってきます。この想像力は脳の「海馬」という場所で担(にな)われているとの報告がなされて注目されていますが、なぜ海馬で想像力を生み出すことが可能かといえば、海馬は時や場所をともなったエピソード記憶の生成に深く関与し、かつ私たちが「空間」や「時間」をどのように感じ取っているかに関する情報処理にとって必須の脳内器官だからです。

物理現象は定められた空間の中で時間とともに起こります。それを私たちはニュートンにならって微分方程式で記述します。これは、時間をパラメーター（助変数）とした物体の空間移動に関する方程式です。アインシュタインの相対性理論では、時間と空間は互いに関係しますから、時間を独立なパラメーターとしては扱えません。物体は時間と空間を自由に使っては移動できないのです。しかし、脳の中では記憶を使って時空間を自由に操ることができます。私たちは過去の記憶を頼りに瞬時に過去の世界に戻れますし、計画を立てることによって、未来に関することを記憶できるので、未来へも〝瞬間〟移動できます。この海馬の性質が想像力の源ではないかと考えられるのです。そこで、ここでは私たちが「空間」や「時間」をどのように感じ取っているのか、無限を突破する想像力のメカニズムを解き明かしながら説明してみましょう。

脳には記憶を司（つかさど）る海馬という、記憶の製造工場として知られている場所があります。この部位において「脳内で空間情報を司る神経細胞の発見」をした三名の脳神経科学者が、2014年度のノーベル生理学・医学賞を受賞しました。その三人とは、アメリカ生まれのイギリス人、ジョン・オキーフとノルウェーのモーザー夫妻（マイブリット・モーザーとエドバルド・モーザー）。私たちが行動しようとするとき「自分がどこにいるか」が分かるのは、脳に特別な細胞があるからだ！ ということを発見したのです。スマートフォンには例えばgoogleマップなどのように、「いま自分はどこにいるのか」が自動的に分かるGPS機能が搭載されていますが、言ってみれば、脳内のGPS機能が発見されたわけです。

このうち、〝場所細胞〟（place cells）を発見したのはジョン・オキーフで、「ある場所にいるときにだけ活発化する細胞が脳にあること」を明らかにしました。「右の隅」「左寄りの中央」など、ある特定の場所に来た時に発火する細胞を、ラットの海馬の中に発見したのです。いくつかの細胞は、ある空間内のある位置に入った時にだけ発火し、また別の細胞は同じ空間内の別の位置に入ったときに発火する。目をつぶっていても、どんな方向を向いていても関係ありません。その場所にさえいれば、それに対応する場所細胞が反応する。つまり、ラットがある空間内を歩いているときに、その空間をさらに数多くの小さな領域に分割して認識しているようなのです。分割されたそれぞれの領域は海馬内の対応する場所に割り当てられる。

さらに、この場所細胞がどうして空間の特定の場所で発火するのか、空間に関する情報はどのように海馬に到達するのか、その仕組みを解明したのがモーザー夫妻です。場所細胞のようにどこか特定の一点ではなく、六角形でつなげられる位置のどこかに来た時に発火する「グリッド細胞」と呼ばれる細胞を、ラットの嗅内野（海馬の前段に位置する器官）で発見しました。これは位置と位置をつなげる座標を認識する細胞で、より広域の場所認識を可能にするナビゲーションシステムです。自分自身の位置認識を示す脳内座標を担っていると考えられる。

つまり、「グリッド細胞」が「自分のいる空間」を、「場所細胞」が「その空間の中の自分の位置」を構築してくれているということです。そして、「場所細胞」と「グリッド細胞」がつなぎ合わさることで、脳内GPSが実現されていると考えられるのです。

これによって、場所を認識する能力は後天的な学習によるものではなく、生まれながら

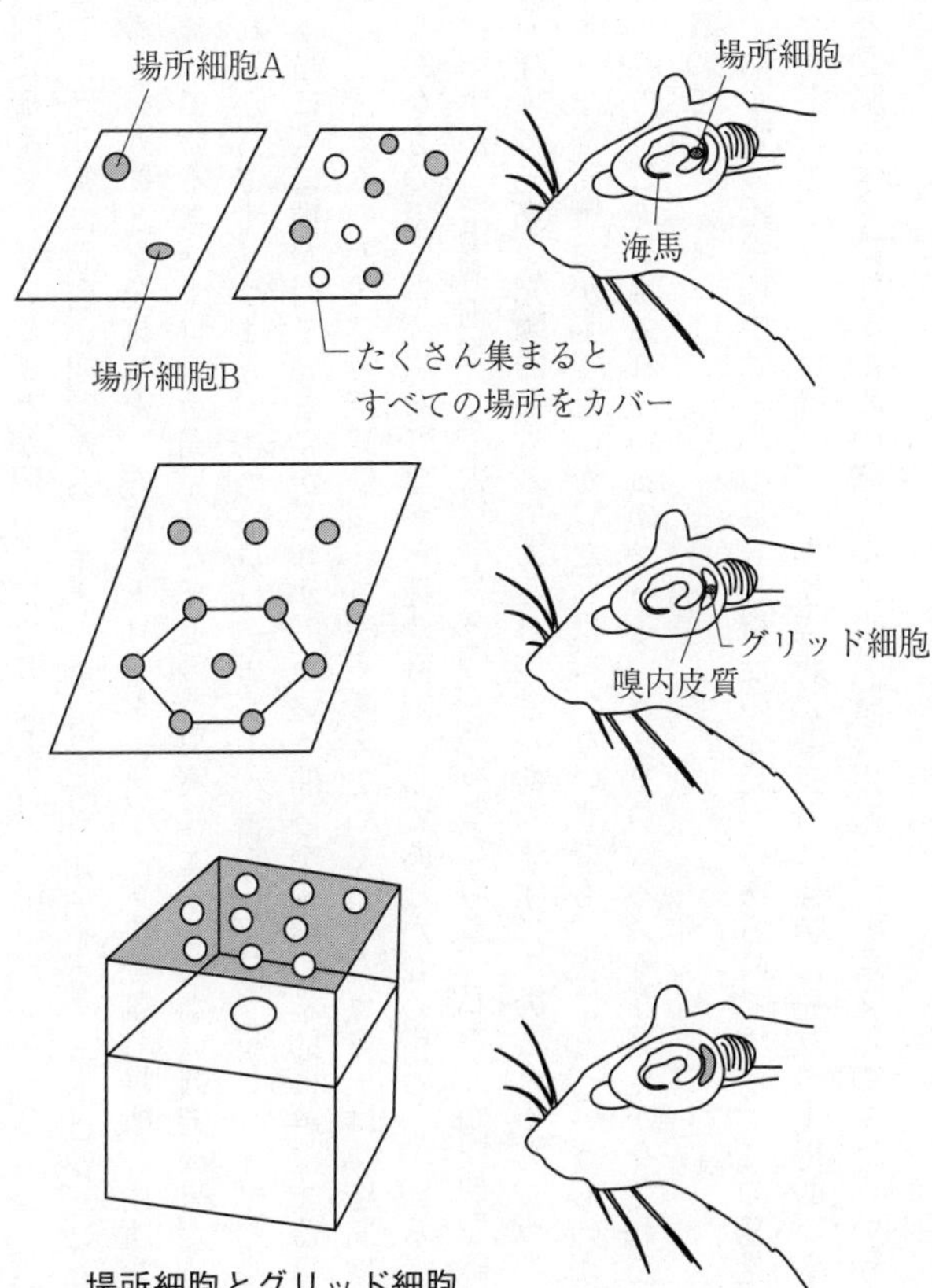

場所細胞とグリッド細胞

に脳内に構築されていることが明らかになりました。

ここには非常に面白い問題があります。単に場所を知覚するニューロン（神経細胞）があるということを発見した、空間をグリッド（格子）状に分割し場所と場所をつないで認識しているニューロンを発見した、という事実にとどまらない研究成果だったと考えられるからです。つまり、この発見は、カントが言う先験的（アプリオリ）な空間概念が本当に人に備わっているのかどうか、という問いを神経科学的に解決する可能性を拓（ひら）いたと言えるのです。時空間について深く考えをめぐらせたカントは「空間はある意味で心的なもので、外部にありながら純粋直観としてあらかじめ備わっている」と考えたわけですが、〝場所細胞〟が生得的なものであるとなると、私たちが空間認識できるのは、経験に先立つ先験的なものである可能性があります。そのことから、カントのアプリオリな空間概念が脳で見つかったとは言わないまでも、仮にそういうものがあるとしたら脳のどこで表現されているのか、その道筋をつけるような発見がなされたのだと言えるのです。

ノーベル賞の授賞理由は「脳のGPS機能の発見」にあるのですが、この発見によって、カントのアプリオリな概念、つまり空間認識能力は経験に先立つ生得的なものであることを脳科学的に知るための確実な一歩を踏み出した、と言えるのではないかと思います。

そして場所概念についてと同様に、時間についてもまたアプリオリな時間概念というものがあるのではないか、経験に先立つ時間感覚が人には生まれつき備わっているではないか——同じ問いが考えられます。例えば、一日が24時間という時間概念について考えてみましょう。概日リズム（サーカディアンリズム）と呼ばれるものです。サーカディアンとはラテン語で「およそ一日」を意味するように、すべての生物にはおよそ24時間の周期を感知する、いわば「体内時計」が備わっていることを意味します。だから私たちは日々、「寝て起きる」ことができる。私たちの行動は、この24時間リズムの影響下にあります（これを司る細胞は脳の視交叉上核という視床下部の部位にあることが知られています）。逆に概日リズムの乱れは、例えば時差ボケなどで知られていますね。リズムが崩れたときに、サーカディアンリズムをより実感できるかもしれません。

ところでこの24時間周期は、地球の自転という人間の経験以前に生物に備わったアプリオリな時間概念だと思うのですが、もっと短い時間感覚、例えば、ある時点から「そろそろ30分くらい経ったのではないか」といった時間のインターバルを表現している感覚はどうでしょうか。5分、10分の時間経過について、私たちは時計を見なくともだいたい分かるものです。これは実感としては経験的に学んだもののように思われるかもしれません。でも、やはり生まれながらに持っている感覚だ、というのが私の見立てです。

脳のタイムマシン、想像力

では、このことを表す脳の機構とはいったい何か、つまり脳のどの部位がこの感覚を司っているのか？　私はこのことに興味があるのですが、最近これに関連して〝時間細胞〟というものが見つかりました。見つかったのはラットですが、ラットがある出来事からある出来事までの間にどれだけの時間の開きがあるかを感知できるということ、それは学習によるものではなく、細胞があらかじめ知っていることが明らかになったのです。さらに、ラットが経験する出来事の時間系列をコードする（表現する）細胞も見つかりました。

時間経過を表現する神経細胞や時間系列を表現する神経細胞がどのようにしてそれらを表現できるようになるのかは大変興味深い問題ですが、実は非常に美しい数学によって成り立っているとの仮説が提案されています。時間経過に関しては、ボストン大学の研究者たちによってラプラス逆変換の近似公式（ポストの公式）を神経細胞が計算しているという仮説が提案されました。時間系列に関しては、私たちによって複数の縮小写像の確率切り替えによって生じたカントル集合（点の集合が入れ子になって存在している集合で無限を扱う概念の一つ）を神経細胞が計算しているという仮説が提案され、こちらはラットの海馬のスライス（切片）実験で実証されましたが、生きた動物や人でそうなっているかはまだ分かっていません。

この〝時間細胞〟も〝場所細胞〟と同じく、記憶を司る脳の海馬にあります。こうして「場所細胞」だけでなく「時間細胞」もあるとなると、時空間の概念は生得的に備わっていることになり、それを海馬あたりで表現している可能性が出てきたと言えるのです。

そこで私たちが知りたいのは、このアプリオリな時空間の概念がもし海馬に表現されているとすると、それを使ってタイムマシン的に、「いまここ」にいながらにして時空間を旅できるのではないかということです。これには少し説明が必要ですね。

GPS機能をもった神経細胞（ニューロン）である〝場所細胞〟は、「ある場所」にいるときに反応する細胞であることから、「いま、どこにいるか」を表現していると言えます。すると、Aという場所に対応する場所細胞があるとき、実際にはAに行かず、あくまで想像で「あの場所（A）に行こう」と考えたときにも、その場所細胞が発火する可能性があることになります。ある場所（A）を司る場所細胞が発火したから「Aに行こう」と思ったのではなくて、「あの場所（A）に行こう」と想像することによって、その場所細胞（A）が発火するという説です。

実は実験では、それに近いデータがすでに出ています。アメリカ合衆国のデビッド・レディッシュのグループの発見です。現在いる「ここ」の場所ニューロンが発火しているだけでなく、これから行こうと思う場所のニューロンもすでに同時に発火しているというものです。「あの場所」の場所ニューロンが発火したから「あの場所」に行こうと思ったのか、行こうと思ったから「あの場所」のニューロンが発火したのか、その順序は実験ではわからないのですが。いずれにせよこのようにして、いま「ここ」の場所にいながらにして、「あの場所」にワープできることになります。

さらにこれと同じように時間も、「いま」から「あの時」に、つまり現在から過去や未来に自由にワープできることになる。海馬は記憶を司るところでもあって、過去のエピソードを思い出したり、未来にどのようなことをしようかと計画を立てるときにその計画を記憶する場所です。奥田次郎（京都産業大学）らの研究では、未来に対する記憶もまた必要なことがわかっています。すると、先ほどの時間ニューロンと場所ニューロンをうまく組み合わせれば、「いまここ」にいながらにして瞬時に未来や過去を行き来したり、あるいは別の場所に行ったりと、時空間をワープできる、脳内ワープ機能が実現できていると考えられる。つまり、それが人間の想像力を作り出しているというわけです。人間の想像力の無限性というものが、これによって説明可能になるのです。

脳は「見えている」ように復元する

ただそうはいっても、脳の実際の機能や表現の仕方が無限かというと、そうではありません。例えば何かを「見る」ときに、私たちがそれに目を向けている間はずっと「見ている」意識があるかもしれませんが、脳の処理は連続的ではなくて離散的、ポツポツです。人間の脳にとっての時間は連続したものではなくて、数十ミリ秒おきにコマ送りされているようなもの。それが脳の予測能力の働きによってスムーズにつながって見えているだけなのです。

いま時間軸は連続としましょう。あなたは連続的にずっとある一定方向に歩いているとします。私は歩いているあなたを連続的に見ているとしましょう。このとき、私にはあなたがずっと動いているように見えています。ところが、脳の処理は実は離散的な時間でしか起きていません。目の前のものを「見た」ときに、30ミリ秒（0・03秒）ごとにその感覚刺激が伝わってきます。でも、この30ミリ秒と次の30ミリ秒の間はというと、本当は何も見えていない。ところが実際に私たちは「見えている」ような錯覚に陥っています。これはつまり、その離散的な時間と時間の合間を、脳が予測能力によって補完してくれているからです。だから、連続的に「見えている」と認識されている。つまり、そこで脳は離散的なものから連続的なものへ〝近似〟をしているはずだと言えるかもしれません。

ところで、脳はなぜそもそも離散的なのでしょうか。それには脳の中の神経細胞（ニューロン）について説明が必要です。

神経細胞の発火は「起こるか起こらないか」、つまり0か1かのデジタルの現象です。

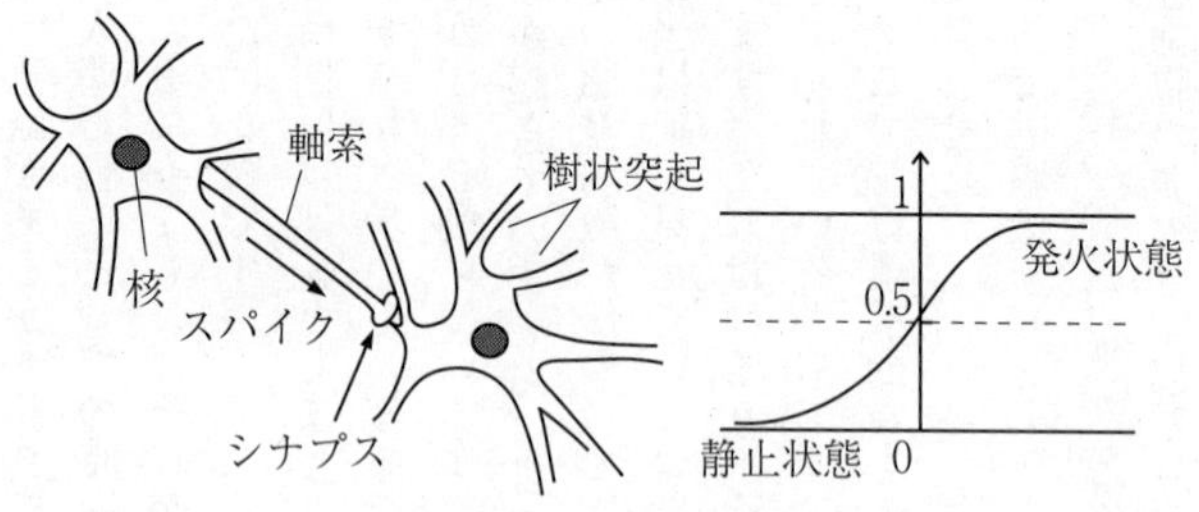

神経細胞の構造

神経細胞が発火するためには、細胞膜の電位が活動状態を起こすのに十分な閾値(いきち)まで上がらなければなりません。神経細胞は外部からの感覚情報の入力の総和が閾値を超えると、「情報がきた！」と認識して、スパイク状の活動電位を出します。神経細胞はより細かい神経線維を介してつながっていることで、巨大なニューラルネットワーク(神経回路)を作っていますが、ニューロンの発火はこの回路を通じてまた別のニューロンに伝わり、それが何らかの反応を引き起こす。巨大な網目がはりめぐらされて情報伝達がなされているのです。

しかし実際には、この一個一個の細胞は物理的につながっているわけではなく、離れています。つまり神経細胞間には隙間があって、この極端に狭くなった場所で、神経細胞同士が情報のやりとりをしています。この接合部をシナプス（神経接合部）といいます。いま、このシナプスに向かって、電気信号が流れてきます。すると、この信号をどうやって次の細胞に伝えるか？　活動電位（スパイク）がそこまできているのだから、この信号を次の細胞に伝えないといけない。しかしそこには隙間がある。このとき、電気の流れを物質のやり取りに切り替えることで乗り切ります。スパイクがくると、神経伝達物質というものがばっと放出されるようになっている。この物質を相手側の神経が受け取ることで情報のやり取りがされるんですね。

ニューロン自体はもともと有限の時間間隔でしか発火しないというのは、一つには、こういったニューロンの情報伝達の仕組みがあるからなのです。海馬というところには視覚や聴覚といった感覚ニューロンからの情報がたくさん集まってきます。そこに集まってくるものはすべて時間的には離散的な、一定の時間間隔でくる情報なのです。

脳は離散的なものから連続的なものへ〝近似〟をしているのですが、さらに面白いのは、この脳の「補完」によって認識が補われているばかりか、我々は行動の予測もできるということです。行動の予測もまた脳の離散化を補ってくれている。例えば、誰かとおしゃべりをしているとき、私たちは目の前の相手が何を話すのか、予測しながら聞いています。この予測があるから相手の言うことを聞き取ることができる。だから逆に、この予測がなくなってしまうと、相手のしゃべることはものすごく聞き取りにくくなるわけです。

あるいは、こんな有名な例があります。今ここに、柱時計があるとします。秒針が連続的に動いているとしましょう。ずっと秒針を眺めていて、次の瞬間に、いきなり秒針に目を向けたとします。すると秒針は不思議なことに、一瞬止まって見えるのです。実際はゆっくり連続的に動いているにもかかわらず、一瞬止まって見える。つまり、その動きを予測していないと、我々の神経系の離散化が〝見えて〟しまうわけです。

その瞬間は止まっているようにしか見えない。だけど普段ずっと見ていると、連続的に見える。これは脳が勝手に予測して、時間の隙間を補完しているからなんですね。予測能力があるから補完できて、離散化された脳の処理を連続的に、滑らかに復元しているわけです。ではどうやって予測が行われているのかというのは大きな問題で、このメカニズムはまだ厳密にはわかっていません。

だけどそういった離散化されたバラバラの世界を、予測能力を使って連続にしていくことができる。有限な世界から無限なものをつくっていくことができるわけです。さらに、その上で我々には海馬における時間細胞などの働きによって時間の間隔がどれだけかということが感覚的にだいたい分かるわけですが、その時間間隔を短くしたり長くしたりすることもできるのです。私たちの多くはその日暮らしで、その日一日に起きたことを思い出してみるとき、それはせいぜい数十秒から数分の程度でしょう。ではなぜこのような時間の圧縮が可能なのか。これも実は私たちの理論――エピソード記憶のカントルコーディング理論――から数学的に導けることです（これについては第六章で詳しく説明します）。

ここでは概略だけ述べておきましょう。実際に記憶を司る海馬という場所では、我々が経験したエピソードを記憶するにあたって、時間を「圧縮する」という作業が行われています。エピソード記憶とは、例えば「5歳の時に自転車を補助輪なしで乗れるようになった」といった、出来事に関する記憶です。私たちが注意を向けた出来事だけが実際に記憶に残るというものです。無意識で起きたことは記憶に残らない。意識したことしか残りません。これはエピソード記憶の特徴の一つです。さらに、意識は離散的にしか向けることができないのです。

まず、出来事が離散的な現象として脳に入ってくる。そこには神経系の離散化があって、ひとつのエピソードが5秒くらいの長さで切断される。そしてそれが記憶に残る――「記憶」はこのような順序をたどります。つまり記憶が定着するときには、実際に経験した出来事の長さに対して時間はすでにかなり圧縮されている。ところが、いったん神経系で書かれた情報を読みだしていくプロセスは、さらに200倍くらいに圧縮されているのです。

これはつまり、実際に起こった出来事を思い出すとき、例えば200分で起きたことは1分で思い出すことができることを意味します。時間を圧縮することによって実際に経験する時間とは異なる時間経過を脳内に作り出すことができる。これによって短時間に過去や未来に移動することができるのです。ですから、先ほど説明した時間のワープを可能にする神経機構の一つとして、この「時間の圧縮」を考えることができるのです。

これは脳の性質からくるものです。大きな問題としては、「この時間にあそこに行こう」と思ったから「この時間のあそこ」をコードしている（読み込んでいる）神経細胞が活動しているのか、それともその神経細胞がたまたま活動したからそういう意識経験をしたのか、どちらかはわからないのですが、私は、それはどちらでも結局同じ結論になるような気がしていて、それが脳と心の因果関係に関する問題から〝抽象化された普遍的な心〟という問題になると思っているのです。

第二章　心が脳を表現する

心脳問題

人間の心と脳はどんな関係にあるのか。

脳が心を生み出しているのか。そもそも心とはいったい何なのか。

この問題は、デカルトが心と身体を別の実体として捉える二元論を唱えてからというもの、哲学だけでなく、科学においても長らく論じられてきました。そして、脳科学の研究が進んでから科学者、特に神経生理学者にもっとも広く支持されているのは、脳という神経系のなんらかの活動状態が心を表現している、という考えです。脳神経系の活動状態から心や意識が生まれてくる、私たちの心は私たちの脳のニューロンの活動によって起きる——心は自然現象だというわけです。つまり、悲しみや喜びの感情が生まれるのも、「悲しい」や「嬉しい」の感情に先立つ脳神経系の働きがあるからということになります。

つい最近まで、この考えは広く支持されていたわけではありませんでした。特に脳科学の知識がない一般の人々、それに大学や大学院で学ぶ学生たちですら、素朴に脳活動が心を表現しているとは考えにくいらしく、むしろ心は心臓に宿るとさえ考える傾向がありました。心臓はまさに「心の臓器」と書くわけですから。現に、20年ほど前に米国のある教授が、１００人程度の教室において心はどこにあると思うかと問うたところ、過半数の学生が心臓にあると答えたという話があるくらいです。私は自分の子どもが小学生くらいのときに、同様の質問をしてみました。迷わず、心は心臓にあると答えたのには驚きました。なぜそう思うのかと尋ねたところ、「嬉しかったり、悲しかったりすると心臓がどきどきするから」と、これも明確な答えが返ってきました。このことから、心とは感情であり、感情は心臓の拍動と高い相関があるために心は心臓に宿ると考える人が多いのだろうと推量できます。

実は、脳と心の関係には古来諸説あります。神経科学者の松本修文（のぶよし）さんが『脳と心のバイオフィジクス』において、これを簡潔にまとめているので、簡単に紹介しておきましょう。まず、脳と心の関係は一元論と二元論に大きく二つに分類されます。一元論は大雑把に言うと、脳と心は独立なものではなく、かつ片方は他方に還元されるという説です。古代ギリシャのエピキュロスやヒポクラテスによって心的なものは物理的なものの存在に還元できるとする唯物論が唱えられ、心が脳に還元される形での一元論が起こります。しかし、プラトンが二元論をとり、その後キリスト教が、また近代ではデカルトらが二元論をとったことで、一元論は劣勢だったようです。二元論は大雑把に言えば、脳と心は別物で、直接的には関係を持たないとする考えです。20世紀以降の脳科学者で典型的な二元論を取ったのは、分離脳の研究によって左右の半球で機能が異なって分化していることを発見したロジャー・スペリーや、抑制性シナプス後電位を発見したジョン・エックルスといった高名なノーベル賞学者たちでした。

一元論も二元論もそれぞれさらに複数の立場があり、歴史的な展開もあるのですが、その中で現代の脳神経科学が主に立脚しているのは、次の二つです。すなわち、エピキュロスやホッブスがとった、心は脳の物理的状態に還元でき、物理学の概念で説明できるとする還元的唯物論、あるいはダーウィンがとった、心は進化するにつれて新たな性質を持つようになる脳の諸活動の集合である、とする創発的唯物論の立場です。つまり、心は何らかの脳の活動状態である、と考えている脳神経科学者は多いのです。

心が脳を表している

しかし、私はむしろ逆に、心が脳を表していると考えています。これは、みなさんが生を生きている素朴な実感としてもそうではないでしょうか。我々が生まれてから成長する過程においては、脳神経系がどんどん発達していきます。記憶力もどんどん増していきます。では、生まれてすぐに〝自己〟というものがあるかというと、どうでしょう？　普通はないですよね。「私」という意識が生まれてくるのにも時間がかかる。生まれたばかりの頃の記憶があるかといえば、思い出すのは難しいでしょう。

ところが、お母さんやお父さんや、その他の周りの人たちの話しかけや触れ合い、働きかけがあって脳神経系はどんどん発達していきます。これは単に、見たり聞いたり触れたりといった感覚入力が脳に入ってくるだけではありません。言葉を通じていろんなことが起こるし、見まもっている人たちの表情を通じて、また、特に胎児のときはお母さんの気分に依存するホルモンバランスのような場としての情報を含めて、いろんな情報が入ってくる。そうした、たくさんの情報が入ってくることによって脳神経系が作られていく。

つまり、脳神経系の構築を考えたとき、そこには周りの人たちの行動や言葉や表情までもが入り込んでいるのです。だから、お母さんやお父さん、周りの人と相互作用しているときに、なんとなく私の脳に宿るものというのは、どうやら最初は他人なのではないか。それがある種、心ではないかと思うわけです。そこからだんだんと自分というものができていく、自分の心が生まれていくわけだけれども、すでに赤ん坊の時点で脳は他者の心によって構築されているのではないか、と。

もちろん人の話しかけなどなくとも、脳は遺伝的なレベルだけで構築されていくわけですが、どうやらそれでは不十分だということも分かっています。これは一例を出せば十分でしょう、例えば一卵性双生児を考えてみてください。一卵性双生児の遺伝子は同じですが、脳神経系は発達とともに異なってきます。性格や趣味など、成長するにつれ、それぞれ異なってくるものです。つまり一卵性双生児はＤＮＡ認証できませんが、脳神経系の構造や性格によって個人認証が可能なのです。

だから人は通常、なにげなく生まれて自然に育っているように思われる一方で、生まれて自我が芽生えてくるまでには、周囲の影響を強く受けている。神経細胞が発達していく段階で、複数の人の心が外から入ってきて、脳が構築されていく――そう考えるのが自然でしょう。それがある種の「集合的な心」というものです。そして脳がさらに発展していったときに、自分の〝身体感覚〟と他者から入ってきた〝心〟が一致するのだと思います。つまり、その一致するところではじめて「自己」というものが出てきて、私たちは「私」と言い始めるのではないか。この点をもう少し説明してみましょう。

「私」はいつ生まれるのか

読者の皆さんは何歳くらいからの記憶があるでしょうか。中にはお母さんのおなかの中の記憶があると主張する人もいると聞きますが、それは仮に真だとしてもきわめて稀な現象でしょう。お釈迦様は天上天下唯我独尊と言って生まれたと言われていますが、これも通常は考えにくいですね。私の観察は次のようなものです。3歳くらいより以前の記憶はあったとしてもスナップショット的な記憶であって、3歳以降になって記憶が少し連続的というか、エピソード的な様相を呈してくるのではないか。これが正しければ、自己は3歳以降になって明確になってくるのであって、それ以前ははっきりとした自己はなく、自己形成の核になるような原初的な自己と外界から入り込んだ他者が独立して存在する時期、次いで他者が原初的自己を制御する時期、さらに他者と原初的自己が統一され、いわゆる自己が形成される（と意識させられる）時期があるように思われます。

こうして自己ができたのちに他者とコミュニケーションすると、自己の脳はさらに変わっていきます。つまり、コミュニケーションのイメージとしては、自己という確立されたものがあってそれが相互作用するのではなく、ある程度確立していながらもまだ十分変化する余地がある自己が相互作用する、というダイナミックなものです。そしてそれぞれ変化する余地のある脳は、コミュニケーションを通じてさらに変化していく。つまり、他者の心によって自分の脳がまた変化していく。

何人もの他者の心が入り込んだ「集合的な心」、コミュニケーションを通じてダイナミックに変化していくもの——脳とはこういうものであると考えると、「脳の活動が心を表現している」というように現象的には見えていても、やはり順序としては逆ではないか、原因はむしろ〝心〟のほうにあるのではないかと考えられる。

つまり、他者の心からなる「集合的な心」のようなものがあって、それが個々の脳を通して「私の心」として表現されていく、ということです。この現れ方の違いが、私たちの個性でもある。すると、「脳とは集合的な心を個々の心に落としこむための生物学的な器官である」ということになります。個々の脳が個々の心を作り出すのではなく、他者による心が私の脳を作る。脳の独特の構造によって各々の心が表現される。だから自己とは他者を表現したものだと考えられるし、集合的な心をそれぞれの脳が「自分の心」として変換している、そんな感じがするのです。

そう考えると、心とは何かを考えるには、脳の科学だけでは不十分で、むしろ真の心の科学とは何か、を問わなければならないのではないか。そして私は、それを考える鍵が数学にあると考えているのです。つまり「数学は心である」ということですね。

数学は現象の法則ではありません。もちろん我々がやっている応用数学は、前にも述べたように現象数理学的にやるわけだから現象の法則を探ろうとするのですが、その根底にある数学的マインドや純粋数学は、何かの自然現象があってそれを法則化しているわけではありません。特に純粋数学は、その中だけで世界が閉じていて、証明すべき対象は内側から出てくる。もちろん他の分野から何かを借りてきたり、ヒントを得たり、ある分野を解決するために新しい数学が作られることはあっても、使われている数学そのものはあくまで何の現象とも関係ない。逆に、自然現象だろうと経済現象だろうと社会現象だろうと、何とでも関係することができるのです。

しばしば、「数学の定理には色がついていない」と言われたりします。原則的に物理の法則なら物理現象にしか使えません。生物の法則なら生物にしか使えません。むろん、人の発想としてそれらを超越してアナロジーを使った結果、新発見がもたらされることはありますが、基本的に、ある自然現象はそれが属すると考えられる分野にしか適用できません。社会現象も同様でしょう。その適用範囲を超えて適用すればカテゴリーの混同ということになります。しかし、数学の定理は物理現象を説明するのにも、生物現象を説明するのにも、そればかりか社会現象の記述にも原則適用可能です。確率論の中心極限定理や、波動方程式の存在条件に関する定理などは最たるものです。そういう何とでも関係するもの、つまり、個別の自然現象ではなく、また個別の社会現象でもなく、すべてと関係しうるものといえば、それは人の心ではないか。あらゆるものに思いを致すことを可能ならしめているもの、それは〝心〟以外のなにものでもないのではないか。

数学はそういう意味で、心と重ねて考えることができるわけです。数学的な対象とはまさに心である、数学者がやっているのは心の動きである、それが「数学は心である」ということの意味です。

藤原正彦さんは「数学は美しい」という言い方をされていますが、それはまた数学が心を表現しているからだと思います。超越的なものを想像できる脳を通して表現された心は、超越的なものを表現し得ているからこそ美しいのだと。

スピノザ、デカルト、岡潔、エルデシュ

そこで私は、数学者の脳の働きをみれば、心についてもっと深く理解できるだろうという仮説を立てました。ところが、そんな研究は当然ながら実際には難しい。まさか数学者の脳を解剖したり、脳に電極を突っ込んで活動を調べたりするわけにはいきません。何もそんなことはせずとも、数学者の心の動きは様々に表され、その軌跡を見ることができます。

例えば、スピノザ（1632‐1677）が著した『エチカ』です。エチカとはエシックス、倫理のことです。スピノザは、すべての物体や概念が神の顕現であると考える汎神論を唱えました。「自己」という概念は存在しない。万物に神が宿っている、私たちの意識もまた神の一部である、「世界はすなわち神である」というわけですね。木にも石にも動物にも机にも、すべてのものに神が宿っていると考えた。アインシュタインもまた汎神論を信じていて、「私はスピノザの神のみを信仰している」と言ったこともまた知られています。彼の宗教概念はスピノザの汎神論に近かった。つまり、神とは自然の法則なのだ、科学者である自分にはそのように感じられるということです。

そう考えると、スピノザが考えたことは、自然現象を法則に書き表す物理学者のわざだと思われるのですが、彼の論証方法はきわめて数学的で、まるで数学の証明のようなのです。自然現象すべてに神が宿ると考えるとすると、どの物質のレベルを見ても神が

宿るので、物質にこそ実体があると主張することになる。ならば彼は徹底した物理学者だ、唯物論者だといえそうですが、一方で思考の跡を見てみれば、それは数学者のもののように思われる。スピノザは「心は（数学の）証明の中にのみ現れる」と言っています。

ここで『エチカ』の一部を引用してみましょう。すべて、『エチカ』（畠中尚志訳、岩波文庫版）よりの引用です。

「エチカ」は正確には「幾何学的秩序に従って論証されたエチカ」という題の示すとおり、数学的論証の形式をとっていて、次の五つのことが論じられています。

第一部：神について、第二部：精神の本性および起源について、第三部：感情の起源および本性について、第四部：人間の隷属あるいは感情の力について、第五部：知性の能力あるいは人間の自由について。

こう見てみるだけで、いずれもかなり大きなテーゼに迫ろうとしていることがわかるでしょう。第五部を除いて最初に基本概念の定義があり、続いていくつかの公理（最初に正しいと仮定された言明）が述べられ、命題を導く、という順で論旨が展開されていきます（岩波文庫版では「命題」を「定理」と訳していますが、ここでは英語版に従って「命題」としておきます）。各命題には証明がつけられ、証明の終わりには現在もしばしば使われるQ. E. D. という記号がつけられます。これは Quod Erat Demonstrandum

というギリシャ語由来のラテン語の頭文字であり、「このように示された」という意味です。

例えば、第二部では、物体とは、本質に属するとは、観念とは、妥当な観念とは、持続とは、実在性と完全性とは、個物とは……が定義され、五つの公理が述べられ、これらを使って、「命題一：思惟は神の属性である。あるいは神は思惟する物である」の証明が行われます。これは神が人間において現れるとき、それは「思惟」の形をとることを証明するものですが、以下、すべてこのような形式で数多くの命題の論証が進むのです。むろんこういった神に関する事柄が証明可能かどうか、私は疑問に思いますが、昔のヨーロッパの哲学者はみんな神の存在を〝証明〟（あるいは〝反証〟）したと主張していますから、彼らにとってはこれらの記述は命題と呼んでもよいものなのでしょう。特にスピノザのような汎神論の立場では、アインシュタインも言っているように神は自然法則そのものだという見方が可能ですから、そうなれば真偽判定可能な記述だと考えて命題と呼んでよいのかもしれません。

『省察』で「神の存在証明」を行ったデカルトは、神の存在を証明すべく哲学を探求し、『純粋理性批判』において神の存在を論理的に証明することを批判したカントは、人間にできることを証明すべく哲学を探求した。その一方で、スピノザは神がその心をどのように実現したかを一生懸命書いていて、その論証は数学的な体裁をとっている。神の心をどう描くのか。それには心を正しく動かさないと絶対に正しい結論に至らない。そこでスピノザは数学的な体裁をとったのでしょう。

このスピノザのあり方を見ても、数学とは神の心を表現するのに非常に都合のよい形をもっていると言えそうです。数学では嘘をつくことができません。一つでも嘘があれば正解にたどり着くことができない。人を騙そうという心があると神の心をうまく表現できないわけですね。だから数学者はきわめて誠実にならざるをえない。

デカルト（1596－1650）の思想にもそれは現れています。デカルトと言えば、一般的には「我思う、ゆえに我あり」で知られるように、非常にロジカルで演繹的に考える人という印象でしょう。ところが、明晰に考えるための規則が書かれた未完の『精神指導の規則』という本を読めば、その印象はがらりと変わります。「精神を正しく導く二十一の規則」と題された規則の第三には、「『2+2=3+1』であることをまず明白にして明晰に直観せよ」と書かれている。これが意味するところは何かと言えば、それを直観しなければ、数学はその先に進んではいけないという教えです。

つまり、裏を返せば「1+1=2は当たり前ではないよ」ということですね。これが当たり前だと直観できますか、それが直観できなければダメだ、という。そんなことを考えるデカルトは、やはり直観主義的な人でしょう。自分の存在を疑ってなどいないし、1+1=2であることも疑っていない。ただ、疑いえないまでに「本当にそうだ」と直観できるか？　理屈としては納得できるかもしれないけれども、実体としてそれが実感できるかどうか？　そこを問うているのでしょう。直観するとは、感性を対象に寄り添わせることができることです。あるいは、感性を対象と同一化することです。このようにすでにデカルトに「数学は心だ」という命題の萌芽が現れていた。

さらに日本の数学者にも、数学と心の働きをエッセーの形で表した人がいます。それがデカルトと同様、直観の力を説いた岡潔です。岡のエッセーは心の美しさがよく表れている。例えば『春宵十話』というエッセー集において、岡はフランスのジイドの「無償の行為」を引いて、「少しも打算、分別の入らない行為」を評価しています。そのような打算も分別も入らない行為の際に働いているものを、純粋直観と呼び、この智力の重要性を説くわけです。それこそが理性の地金となっているばかりか、情緒の中心を貫いていると考えた。岡がそう考えるのは、ある種のピュアな精神を持っているからです。

そうでなければ神は宿らない、数学の神など降りてこないわけです。

それは何も数学者に限らず、例えば昔の詩人たちなどもそうでしょう。神の言葉は基本的にそのままでは人間に通じないので、神の言葉を人間の言葉に翻訳して伝える人たちが詩人だった。日本の和歌もそうだと編集工学の松岡正剛さんが書いていました。風がふっと吹いてきた、そこに神の意志を感じて神の言葉を翻訳して歌に表現するのだと。心がきわめて純粋でないと、神の言葉はわからない。純粋な心でないと学問的発見、すなわち真理の発見はできません。真理は本来神の領域です。その領域に人が近づくには研ぎ澄まされた純粋さが必要なのです。私は宗教家ではありませんが、物理法則や数学的真理はすべて人の脳を通して神が降臨した結果だと思われることがある。それくらい何かに気づき発見するというのは、それがどんなに小さなことであろうと超越的なのです。

あるいは、数学者の心の動きが見えるという意味では、こんなエピソードもあります。数学者がエシカル、倫理的だという文脈からは少し離れますが、ハンガリー人の数学者でポール・エルデシュ（１９１３‐１９９６）という人がいました。この人は、生涯に共著論文ばかり書いたために、その数がなんと１５００篇。しかも、共著といっても彼は問題を提出し、一緒に解くことを唯一の楽しみにして、論文を書く作業自体には興味を示さないという徹底ぶりでした。世界中を放浪して各地にいる研究者の友達のもとに泊まっては、一週間ほど滞在し、「こうすれば、こういう定理が成り立つんだ」とアイディアを話す。するとその友達が彼のアイディアに基づいて証明をして、共著論文を書く。そうやって転々として一生旅をしてすごした有名な数学者なんですね。

このエルデシュについては、〝エルデシュナンバー〟という、その人柄を存分に伝えてくれるエピソードがあります。エルデシュナンバーとは、エルデシュとどれだけ研究の距離が近いかを表す概念です。彼に共著論文が非常に多いことから、その友人たちによってユーモアをこめて考え出されたもので、エルデシュ本人のエルデシュナンバーはゼロ。次に、エルデシュと共著論文を書いた人にエルデシュナンバー1が与えられます。そして、エルデシュナンバー1の人と共著論文があって、エルデシュとは直接の共著論文がない人たちには、エルデシュナンバー2が与えられます。その後も同様に、エルデシュナンバーnの人と共著論文があって、エルデシュナンバーn未満の人と共著論文のない人にはエルデシュナンバーn＋1が与えられます。

こうして、エルデシュナンバーが大きくなると、エルデシュとの距離が指数関数的に遠くなるのです。このエピソードが示すように、とにかく彼には共著者が多かった。有名なところでは、言語学者のノーム・チョムスキーのエルデシュナンバーが4、マイクロソフトのビル・ゲイツも4、数学者のアラン・チューリングが5です。今日では異分野間の共同研究も盛んに行われているため、数学者ではない他分野の研究者にもエルデシュナンバーを持つ人が多いのです。

ちなみに、私のエルデシュナンバーは4です。ハンガリーのアルフレッド・レニイという、確率論の仕事で知られ、エルデシュと32の共著論文を残した数理物理学者がエルデシュナンバー1。さらに、このレニイとの共同研究者にはセンタゴタイという神経解剖学者がいます。エトヴェシュ・ローランド大学医学部の教授であり、大変面白い研究者で、私は亡くなる少し前に会って、脳のことをいろいろと議論しました。この人のエルデシュナンバーが2です。さらに、センタゴタイとエルディという研究者が「脳の熱力学」という共著論文を書いている。エルディはナンバー3、エルディと私は仲が良くて共著論文を書いているというわけです。こうやってたどっていくと、エルデシュの数学者としての足跡は、それこそ心の遍歴のようです。

ゲーデルの不完全性定理

数学は心である――。

何人かの数学者、哲学者たちの思考の現れをいくつか見てみましたが、さらに、この流れで触れてみたいのが「ゲーデルの不完全性定理」です。数学が自己矛盾を含まない完全なものであることを証明しよう、という大数学者ヒルベルト（1862－1943）の呼びかけに「ノー」をつきつけた解答であり、ある意味で数学界に爆弾を投げ込んだ定理です。説明を始めると難しいのですが、「無矛盾な体系の中には証明も反証もできない命題が存在する」と、「体系が無矛盾であれば、その無矛盾性を証明できない」という二つの定理から成り立っています。ここでいう無矛盾とは、論理式とその否定が同時には成り立たないことです。つまり、平たく言えば「数学のある形式の中で、証明できない命題があることを証明する」というものです。ふつう証明とは、ある命題が真か偽であることを導くもので、ひとたび証明されればそれは数学的に絶対正しいわけです。

しかし、「自然数論を含む算術体系に矛盾がないならば、証明不可能な命題が必ず存在すること」が証明された。つまり、ゲーデル（1906‐1978）は「数学体系は不完全である」ことを数学的に証明したのです。

私が研究者として、「ゲーデルの不完全性定理」に興味を持ったのはある問題意識があってのことで、それはカオスの研究をしていたからでした。例えば気象現象などのように、決定論的、すなわち何らかの原因で動きがあらかじめ決まっているにもかかわらず予測ができない運動のことをカオスと呼びますが、カオスを研究しているとどうしても〝無限〟という問題に出会う。そしてその構造は、「ゲーデルの不完全性定理」と似ているのではないかと思ったのです。この詳しい説明は後ほどすることとして、ここで少し遠回りになりますが、私が研究してきたカオスとは何かを説明する中で、「ゲーデルの不完全性定理」がなぜ「数学は心である」という考えに関係してくるのかに触れてみましょう。

カオスをどう定義するかは難題ですが、カオスとは何かを説明するときにいちばんよく使われるのは、〝二重振り子〟というものです。振り子時計などを思い浮かべてもらえばわかるように、ある固定点から吊るされた振り子に力を加えると、左右に揺れを繰り返す周期運動をします。摩擦がなければ永遠にこの運動は繰り返されます。ところが、この振り子の先に、もう一個の振り子をつけて、振り子を二重にして揺らしてみるとどうでしょう。左右に揺れるという単純で周期的な運動を繰り返していた一個の振り子の場合とは異なって、そこには、カオスと呼ばれる非周期的できわめて複雑な運動が生まれるのです。その運動は予測できない複雑なものとなるのです。

そもそもカオスという現象を発見したのはフランスの数学者、アンリ・ポアンカレ（1854-1912）です。ポアンカレは天体の運動としての「三体問題」を考察していました。天体力学において、万有引力で互いに引き合っている二つの天体の運動は、ヨハネス・ケプラーがその法則を見つけていて、のちにニュートンが、自らが創始した微分方程式を使って数学的に記述しました。もしも宇宙に二体だけがあるとしたら、天体の運動は楕円運動か双曲運動か放物運動しかありません。一つの天体A（例えば地球）に対してもう一つの天体B（例えば他の天体の影響がまったくないとして人工衛星を考えてもよい）の運動を考えると、放物線軌道、双曲線軌道の場合ではAの重力圏を脱してしまうので、BがAに戻ってくるような運動は楕円運動しかありません。同様な理由で地球は太陽の周りを楕円運動しています。この地球と太陽の運動のように二つの天体の間の運動方程式を計算（積分）すると、周期解になることがわかりました。つまり運動の初期のエネルギーさえ決めてしまえば、未来永劫にわたって変化しないという意味で安定な軌道が一つに定まるわけです。これがケプラーの法則のひとつです。

ところが、地球と太陽に、例えば木星が加わって、天体が三つになるとどうでしょう。

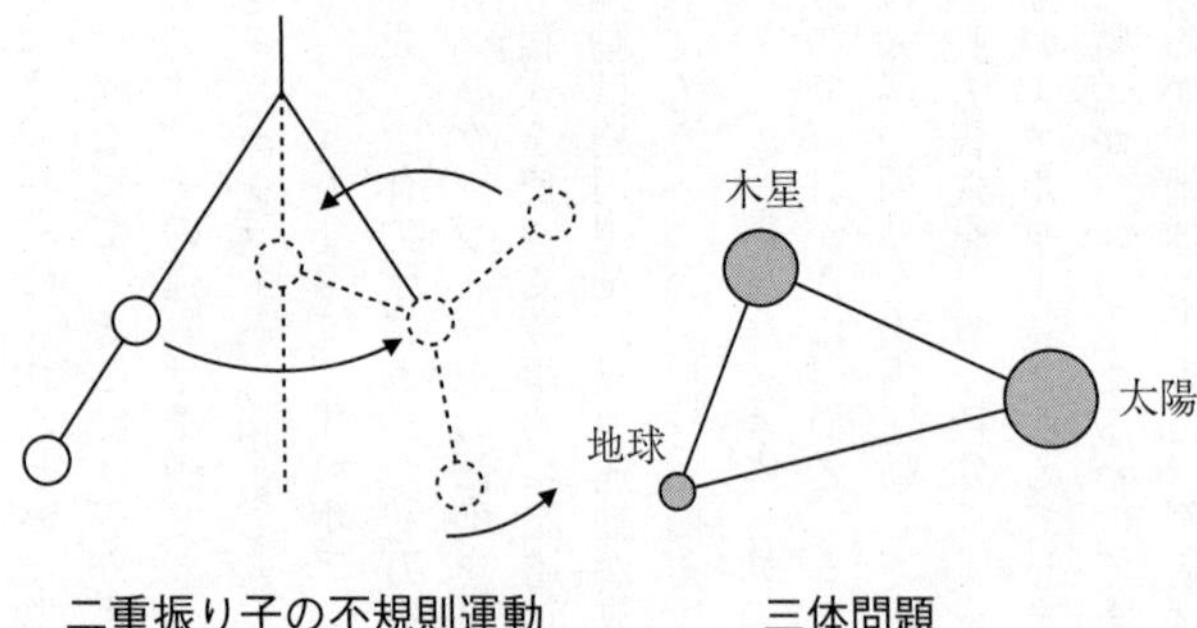

二重振り子の不規則運動　　三体問題

すると、地球は初期のエネルギーの値によっては周期的な軌道を描くことができずに、複雑な運動をします。この時の運動は本質的にはカオスのようなものになるのです。天体運動には、初期のエネルギーによってはそういった解軌道が存在するということです。現在の地球の運動はそうなっていませんから、地球ができた時のエネルギーは複雑な運動を許すレベルではなかったのでしょう。

こうして、カオスという現象が最初に認められたのは天体運動をめぐってのことでしたが、日々の生活のなかにおいても、カオスとして実感できるものは身近にあります。例えばパンの生地をこねるときに、そこにはカオスが生まれています。パン生地を混ぜてつくるとき、生地を丸くこねたら次に上から力を加えて広げ、また丸くまとめて広げて……という作業を繰り返しますね。このとき、マジックで黒い一点を生地のどこかに記したとします。そして、こねる作業を繰り返すたびにこの点の位置がどうなるかを見ていきます。すると、この点の位置は予測できない、とても複雑な動きをするのです。実際、生地のある小さな領域に赤い粉をふりかけ、これがどのように広がっていくかを観察すると、先の操作の回数に対して指数関数的に、急速に赤い領域は広がっていきます。この操作を10回も繰り返せば、パンは赤く染まることでしょう。これがカオスなんですね。

またあるいは、こんなことも考えられます。無風の部屋で誰かが煙草を吸ったときに煙が広がっていきます。拡散といわれる現象です。この場合、煙の面積が時間に比例して広がっていきますが、その広がり方は時間に線形で（比例して）広がるだけですから、カオスに比べれば遅いのです。言い換えれば、カオスは圧倒的に速くものを混ぜることができるのです。

餅をつくとき、あるいはパンやうどんの生地をこねるとき、このカオス現象がそこには表れています。人類はすでにカオスを使って料理をしている。紅茶に砂糖を入れて放置すると、ゆっくり全体に広がって、やがて溶ける。無風での煙草の煙の拡散と同じです。しかし、スプーンでくるくると2、3回混ぜてやれば、カオスが発生して、あっという間に砂糖を溶かすことができるのです。カオス運動を出現させることで、通常の拡散過程よりもはるかに効率良く物質が混ざり合っていく。

あるいはもっと視野を広げてみれば、地球上で起きる〝核の浮遊〟という問題にもまたカオスが関係するかもしれません。どこかで核爆発が起きたときに浮遊物は上空へ昇ってゆきます。このとき、どれだけの時間でこの雲が地球上を覆っていくのかといえば、いわゆる対流圏下層にある間はじわじわと広がっていくのです。ところが1000メートル上空のジェット気流に乗ると、横方向にカオスが発生して、あっという間に雲が広がります。昔は核爆発が起きた場合には1カ月2カ月経ったら地球上に核の傘ができると言われていましたが、実際はもっとずっと早くて、数時間で広がってしまうでしょう。原子爆弾が落ちて原子の雲が広がった場合や福島第一原発の事故が起きたときにも、同じように強風が吹いたならば、風が吹いた方向だけでなくて横方向にワッと広がる可能性があった。何でこんなところに、という場所にホットスポットができるのは、大気の流れに潜むカオスから生じている異常拡散が原因である可能性があると私は考えています。そこにはカオスという捉えがたい運動が絡んでいることがあるのですね。

このようにカオスとは、身近にあるにもかかわらず、きわめて複雑で捉えがたい現象なのです。そうは言いながらも、これを数学的に解き明かそうとする研究は長きにわたって行われてきました。ざっとカオスのイメージをつかんだところで、改めてカオスの数学的な定義をしておきましょう。

カオスアトラクターの中の周期軌道と非周期軌道の概念図

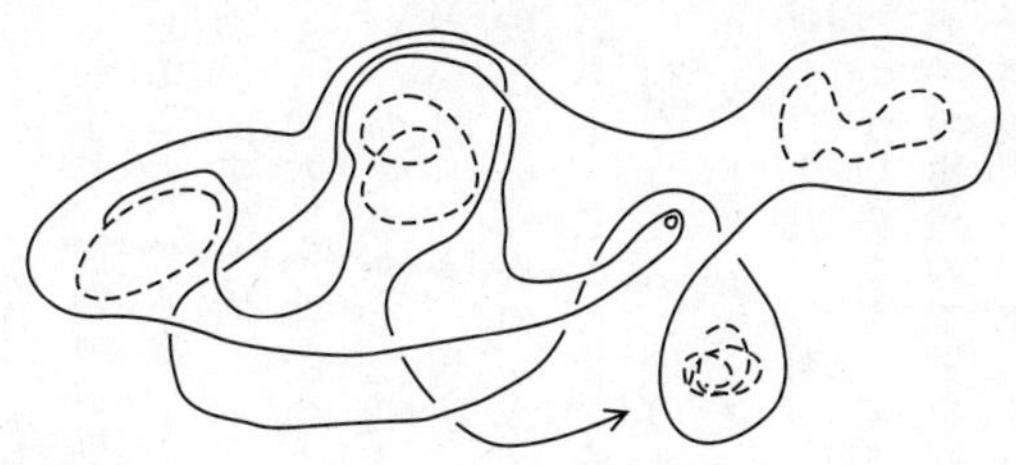

点線で描いた不安定な周期軌道（閉じたループ）の近くを通りながらどの周期軌道にもいたらず、何度も自身の軌道の近くに来ては遠ざかっていく非周期軌道（カオス軌道）を実線で描いている。カオスアトラクターは、これらすべてを含むもの。

カオスとは何か

カオスは、各点から出発した軌道の束のもつ、幾何学的な構造として捉えることができます。ものの集まりを、数学では〝集合〟といいますが、ここでは軌道の集まり、つまり軌道の集合を考えましょう。軌道とは、時間経過とともにある点の振る舞いを描くと軌跡として表されるもので、その集合とは、軌道が複数寄り集まって、遠くから見ると束をなしているようなイメージです。

このカオス的な軌道の集合がもっている意味とは、その集合の中に可算無限個の周期解（周期的な運動）と非可算無限個の非周期解（非周期的な運動）があるということです。自然数のように、1、2、3……

と数えていけるだけの、しかし無限個の数（可算無限個）の周期解、つまり、ある周期で戻ってくる〝軌道〟がある。それが無限個ある。しかしすべて不安定なので実現できない（つまり、周期軌道は不安定で、実験や数値計算をすると必ずエラーが発生し、真の軌道を見ることはできない）。さらに、非可算無限個の非周期解がある。数え上げられないだけ多い（実数と同じように数え上げができない）、周期を一切持たない解がある。つまり、惑星の運動のように一つの閉じたループ上を永遠に周回する周期的な運動と同時に、同じ状態が二度と実現されない非周期的な運動がある。周期解は全部不安定で見えないけれども、現実には非周期解があるから軌道はそれに乗っかってランダムに見える。こういうものがカオスなんですね。

ところが、このカオスを数学的に説明しようとすると、きわめて難しい問題に直面します。何もカオスに限りませんが、私たち科学者は、時間によって変化する現象を予測可能なものとして捉えるために、「数学モデル」を作って理解する、という手法をよくとります。これは、微分方程式などのように、「数学の言葉で現象を記述する」方法です。現象が複雑なものであるときモデルを作ると、簡略化した形で、より理解しやすい言語でその現象の本質を捉えることが可能になります。ところが、カオスはどうも既存の科学の観測や記述の仕方さえ拒（こば）んでいるようなところがある。なぜなら、カオス的なところは計算できないからです。数学的証明ができるのは、その一部でしかない。カオスを分析しようとすると、そのとたんに手がかりが失われていく。カオス現象にはそんな難しさがあるのです。

我々はコンピュータを使ってカオスのシミュレーションを試みてきました。人の手で式を操作できないのであれば、コンピュータに解いてもらおうというわけです。科学実験においては、「数学モデル」を作る手法の一つとして、コンピュータでその現象を模倣させることも可能なのです。カオスが実際にどのような動きをするのか、時間変化とともに、その振る舞いをコンピュータでシミュレーションをすることができる。ところがシミュレーションでは、有限の桁でしか計算できない、つまり無限を扱えないという問題に直面します。つまり、コンピュータでは、カオスの実体を捉えきることはできず、あくまで近似にしかなりえないのです。

さらにカオスは、近似をして、ある程度正しい軌道の計算式を求めることができたと思っても、ちょっと数値計算に誤差（エラー）があると、計算している間にその誤差がずっと拡大し続けてしまうという性質を持っています。誤差が小さくなってくれれば問題はなく、あるいはその桁のまま保たれてくれれば大勢に影響はないのですが、ものすごく広がって行って1桁目の有効数字までおかしくなってしまう、ということが起きる。すると正しい軌道を計算できたのかどうか保証がない。そして、カオスを研究している私には、果たしてそんな計算をやっていていいのかと疑問が湧いてくるのです（最近では、精度保証付きの計算というものがあって、求める数学的に真の解が、ある誤差の範囲内にあることを保証するような数値計算を行うことは可能です。しかし、この場合も求めたい数学的に真の解を知る手段がなければ有効な手続きにはなりません)。それでは、永遠にカオスの実体など捉えることはできないだろう、と。

「ゲーデルの不完全性定理」というヒント

天気予報が、短期には高い精度で予測できても長期には予測できないように、精度を上げることでカオスの実体を捉えようとするアプローチには、どうも限界があるのではないか。どんなに真の軌道に近づいたと思っても、そこには埋めきれない誤差が残る。言ってみれば、問題が解けないという壁が立ちはだかるのです。そこで、完璧と信じられていた数学の体系には証明不可能な命題があることを証明した「ゲーデルの不完全性定理」に、この難問を解き明かすヒントを求めました。

ただ、その問題に潜む構造の相似性を説明する前に、この定理の証明にアイディアを得て「計算する」ことを突き詰めて考えた数学者、アラン・チューリング（1912-1954）を紹介してみたいと思います。チューリングもゲーデルと同様、ヒルベルトが全数学者に呼びかけた、「数学は無矛盾である、どんな問題でも真偽の判定が可能であることを証明する」という一大プロジェクトに挑戦したのです。ゲーデルはヒルベルトの問題意識そのものを根底から覆すかに見える結論を導きました。つまり、数学体系は不完全だと証明したのです。

他方、チューリングは「計算する」とはどういうことか、その理論の基礎を築き、今のデジタル計算機の理論的な土台を作りました。関数とは、ある数に対応する数が必ず一つに定まるような対応関係を示したものですが、ある関数が「計算できる」とは、その関数の値を決定するような有限個の手続きで書かれた指示書（アルゴリズム）が存在するということだ、と考えた。ではその手続きをどのように示すことができるのか？

そこで、1936年に発表された論文「計算可能数、ならびにその決定問題への応用」の中で、「計算」という概念に数学的定義を与えようとしました。まず、通常の文字の代わりに、有限個の記号の空間を考えます。無限長のテープのマス目にルールが書かれ、それに従ってテープ上を左右に動くヘッドによって記号の読み取りと書き込み（すなわち記号を読んで消したり書いたりすること）を行う「機械」ですが、チューリングはこの仮想の機械によってあらゆる計算が可能であると考えました。あるプログラムを入力して有限時間で機械が停止すれば、計算ができたことになる、というのです。

このようにして四則演算など何か具体的な計算を行う機械をチューリングマシンといいますが、一つのチューリングマシンの機能は限られていて、万能ではありません。一方で、アルゴリズムで書けるものなら何でも計算できる機械を万能チューリングマ

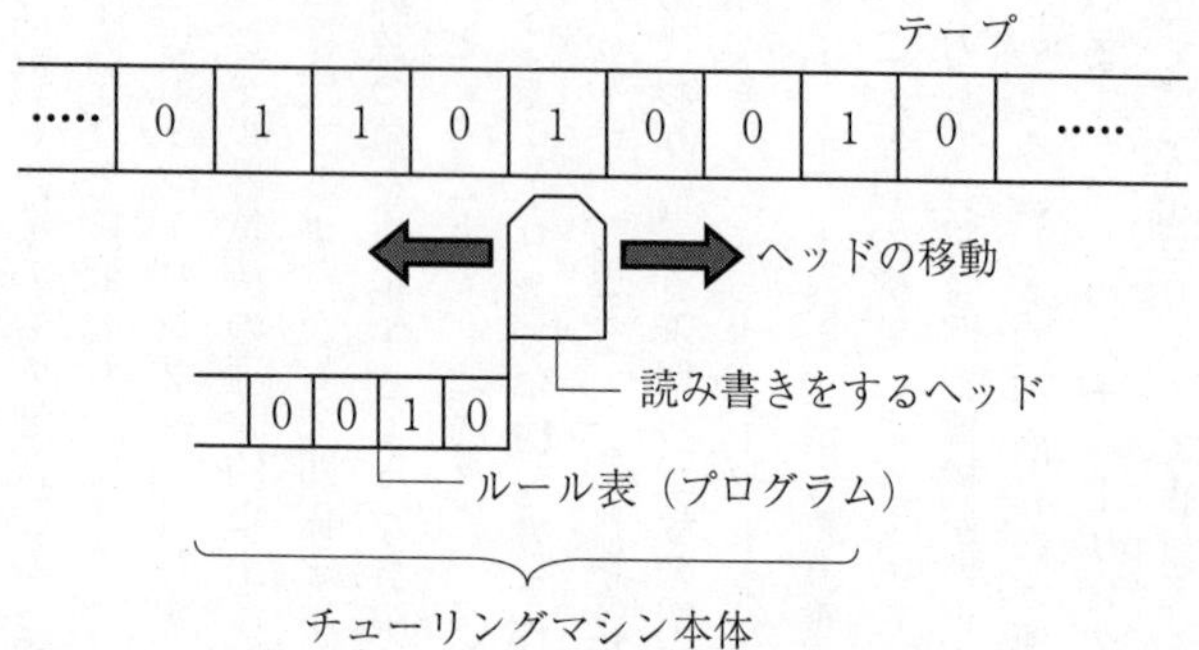

チューリングマシンの仕組み

シンといいます。今日の大型計算機はその良い例です。計算理論を展開するときは、このような万能性をもったチューリングマシンを念頭に置いたうえで、この計算理論で定義された関数こそが計算可能な関数である、という理論を提唱したのです。このように、チューリングマシンによって実行できるものが計算である、というわけです。すると次のステージとしては、ではすべてのものは計算可能なのかが問題になります。ここがゲーデルの「真なるものはすべて証明可能なのか」という問いと同質なのですね。ヒルベルトの呼びかけたプログラム、つまり数学の完全性と無矛盾性の証明への挑戦の中で生まれた二つの大きな成果ですが、まさにその「心」は同じなのです。

チューリングによれば、有限の手続きで表すことができるものであれば計算できることになりますが、ではチューリングマシンで計算できないものはあるのでしょうか。それが次の停止問題なのです。

「停止問題」とは「任意のプログラムに対して、計算機械が有限時間（有限の手続き）で停止して答えを出すか、永遠に計算し続けて答えが出ないかを決定する一般的なアルゴリズムは存在するか」という問題です。ところが実際には、計算できるかどうかを判別できない問題があることが分かった。すなわち、あるプログラムに従って計算が行われているとき、それが有限時間で計算を終えて停止するか、永遠に計算が続いて答えが出ないかを一般的に決定する方法はない、ということが証明されたのです。まさにこのチューリングの停止問題はゲーデルの不完全性定理と同じ構造をしているのです。私がカオスの計算に見たのも同様な構造でした。「真のカオス解は存在するが、それを計算することはできない」という構造です。

心と脳の命題を対応させる

このような「不可能問題」をどう理解していくか。そこにおいて、無限との格闘の一端が見えてきます。数学とは数の学問です。あるいは空間の構造、それを数学的対象といい、それに対する定理の集合を数学といいます。「1+1=2」は数学的な命題ですが、

「1+1=2であることは真である」というような命題は数学ではなくて、数学の範囲を超えたメタマセマティクス（超数学）です。ところが、こういった命題を証明するには、超数学的な言明をいったん数学の次元に落としこまなければなりません。「1+1=2は真である」、「だけど証明できない」ことを言うためには、その超数学的言明をいったん数学的命題にしなければならないのです。

ではどうやってそんなことが可能なのか？　ゲーデルが考えたのは超数学的言明を数に写像していく、というやり方でした。ここでの写像とは、二つの集合があったときに、その集合の各要素を一対一に対応させていくことです。もっとわかりやすく言えば、一つの言語からもう一つの言語へ翻訳すると言い換えてもいいかもしれません。このとき、写像される数字のことを、〝ゲーデルナンバー（ゲーデル数）〟といいます。そしてこのゲーデル数に関して今度は命題をつくる、するとそこでは数学のレベルで証明ができる。こうして、数学よりひとつ上の超数学的な言明が正しいかどうかを、数学にいったん落とした上で証明してみる。つまり、本来は証明できない上の次元にある言明を証明するテクニックとして、いったん下の次元に写像するのです。そうやって一対一対応をつけておけば、今度はおろした数というものは数学の言葉で書かれていますから、まぎれもない数学の証明ができる。つまり、このように一対一の写像をするのがポイントなんですね。大事な点なので、まとめておきましょう。

ゲーデルの不完全性定理とは、平たく言えば、「算術の無矛盾な公理体系の下では、真であるが真であることを証明できない命題が存在する」というものと、「無矛盾な体系の無矛盾性を証明することは不可能である」という二つの定理から成り立っています。言うなれば、数学の体系は完璧でないこと――すなわち、「証明できないことが証明できる」のですが、ここでキーになるのが、命題の階層性に着目してその間の写像を構成することです。

不可能性の証明は、「数学の命題に関する言明」を扱うという基本構造があります。「数学の命題」は通常の数学の証明で得られますが、「数学に関する言明」は超数学的言明といって、数学的命題よりも階層が上のものです。すべてを数学にしないと証明ができませんから、超数学的言明は数学に写像する必要があります。ゲーデルは超数学的言明に、後にゲーデル数と呼ばれることになる数を一つひとつ割り当て、一対一の対応があることを示しました。そうなると、超数学的言明は単なる数ですから超数学的言明に関する命題は数学の命題になります。このようにして、ある数学的命題を証明することが不可能であるという超数学的言明を、数学の範囲で証明することが可能になるのです。

このように、数学には階層の異なる命題の間に一対一の写像をつけて階層をなくしていく、という心の働きが存在します。

これは、まるで「心と脳の関係」のような話です。他者の心を一対一に対応させていって脳の問題にしてしまえば、脳の研究は脳科学でできますから、それによって心の研究ができる可能性がある。すると、心のことを知るためにはこの写像をうまくやらないといけないことになる。「心と脳の問題」を明らかにするには、心に関する言明をうまく脳の命題に写像していくことが大事になるのですが、「言うは易し、行うは難し」ですね。しかし道筋は見えています。

つまり、ゲーデルが試みた思考は、「心と脳の関係」という現代科学の大きな問いを前に、一つの大きなヒントを与えてくれる。私の場合、カオスから出発して脳の研究に入った。その中間地点に「ゲーデルの不完全性定理」があった。心の科学とは心の動きを言明にします。多くの神経科学者たちは脳の現象を心の言葉に翻訳するために逆方向の写像を見つけようとしているのですが、そうではなく、むしろ心の言明を脳の命題（脳科学の言葉）にしていく作業が必要なのではないか。すると今度は心の言明を脳科学として取り組むことができる。それが結果として脳科学を研究しながら心の科学も研究しているということになるのではないか、と考えています。

ところが、そういったアプローチはまだ確立されていません。ただ、学問というのはひとつの領域として閉じていません。最近は脳科学と認知科学の人が一緒に研究したり、脳科学からは不思議なことにながらく切り離されてきた精神科学と共同研究することも増えています。すると、例えば精神科学の研究者たちは心に関する言明をもっているので、それは脳科学としてはどうなのか、と問うことができる。脳と心の専門家の対話が生まれる。つまり、この対話を通して、超数学的言明をゲーデル数に写像するようなことが、心と脳についても同じようにできるかもしれません。そして、その道筋を示す実験結果が生まれているのです。

心を動かすことで脳が変わる

心が脳を表現している——。そう考える立場から行われている実験の一つにバイオフィードバック（生体自己制御）があります。これは大昔、生物工学のジャンルではやった、人を生物工学的に考える実験です。例えば血圧を下げることを考えてみましょう。血圧を意識的に下げたいと考えたとき、「血圧よ、下がれ！」と思っただけでは血圧は下がりません。血圧が高くて困っている人は現在の血圧を測った上で、血圧を下げる薬を処方してもらったり、食事に気をつけたり運動を心がけたりするでしょう。ところが、血圧計で測って現在の血圧の状態が絶えずモニターできるようにしておくと、血圧を上げたり下げたりできるようになるのです。意識で血圧をコントロールできる、これをバイオフィードバックといいます。

これは血圧に限ったことではありません。例えば指には微弱な電流が流れているので、指に装置を取りつけて電圧計で電位を測ってみることにします。ここで「指に電流が流れている」というイメージは持ちにくいので、そのかわり「指の血流量が増加している」というイメージを持って電位を測ってみると、不思議なことに電圧計の針がだんだんと上がっていきます。自分の指の電位などは普通感じられない。しかし、電圧計を見ることで、具体的に電位変化と血流量のイメージを結びつけることができます。そのイメージと実際の電圧の値との相関が強くなれば、そこには因果関係が作られていきます。つまり、「血流量が増えている」というイメージを描くことで針は上がる、逆に「血流量が減っている」というイメージを描けば針は下がる、というようにイメージと現実が徐々に一致してくる。すると意識することで電位を上げたり下げたりできるようになります。このように、人間には、バイオフィードバックというものができるのです。

これをオカルトだ！　という人もいますが、それほど不思議なことではありません。脳のイメージには神経細胞が働いているわけですから、そうやって末梢神経を意志によってコントロールすることは可能です。自分の手足を自由に動かせるように神経細胞群は働いている。神経細胞の実際の動きはイメージできなくとも、心の状態と行動の間に自然に因果関係がついてくるわけです。歩く、走るといった自分の意志による随意運動とはまさにそういった心の働きによって可能になっているのです。自分の身体が自由に動かなかった状態から実際に動いたようにイメージしてみる。これが一致してくると、「動かそうと思った」ということと「動いた」ことが因果関係をもって脳の中で処理されてくる。

例えば、少し離れた距離にある机の上にコーヒーの入ったカップがあるとして、このカップを取るまでの腕の運動を考えてみます。コーヒーを飲みたいと思って手は自然とカップに伸びて動くけれども、はじめから動かそうと思って動いたわけではない。あくまでカップを手に取りたいというまったく別のイメージがある。しかし、実際にカップを手にすれば、自分の意志で手足を動かしたという認識に切り替わる。だから随意運動が本当に随意かどうかはわからない。でも、少なくとも「あのカップを取ろう」と思って動いていることは確かなのです。

今はこのバイオフィードバックが、ニューロンのレベルでも実現できないかと研究されています。例えば、ニコレリスというブラジル出身のアメリカ人研究者が、脳波や脳に流れる血流量を測ってブレイン・マシン・インターフェイスというものを始めました。サルを使った実験ですが、サルがある意図をもって外部の機械を動かしたいと思ったとき、その脳活動を強化していくことが可能で、脳活動とともにサルの「動かしたい」という意図（つまり心）も強化されてゆき、心の働きと脳活動の因果関係が調べられるようになってきたのです。

ヒトを使った類似の実験は川人（かわと）光男らによってニューロフィードバックとして研究されています。例えば、神経細胞が30ヘルツで活動することを目標に置いてみる。すると、思ったことで実際にそのように脳を動かすことができるようになります。つまり、因果関係は心から神経細胞（脳）にベクトルが向いているわけです。脳の神経細胞の活動をコントロールすることが目標ですが、それを心のありようで実現できるということは、思うことで、心を動かすことで脳が変わる、ということです。それはまさにバイオフィードバックです。随意運動を本当に随意にしていくことができる。ただし、その過程は「手を伸ばそう」と思って動いているのではない。「カップを取りたい」に対応するニューロンがあって、それが活動するように働かせていくと、自分の腕が伸びる。それを随意だと思ったことで脳が働き、脳がそう働くことで自分の手足が目的どおりに動く。するとそれを随意と呼ばなくして何と言うのか、という話なのです。

これまで、脳の外界の刺激がどんな意味をもつのか、心の状態がどんな脳活動を呼び起こすのかについては、神経活動による外部情報の読み込み（コーディング）が解明されないと分からないだろうと思われていました。しかし、これらの方法を使うことで、ニューロンのコーディング（符号化＝情報を記号で表すこと）が分からなくとも、ニューロフィードバックによってデコーディング（復号化＝記号を情報に復元すること）、つまり〝解読〟が強化されていけば、心の働きと脳活動の一対一対応が一見とれたかに見えるわけです。本当に一対一かどうかはこれからの研究にまたなければなりませんが、この方法は脳活動を心に写像する従来の脳生理学の方法とは異なり、心の状態を脳活動に写像する方法でもあるのです。私がこの方法に着目しているのはまさにこの点においてです。

脳の命題は明瞭なものがたくさん出てきました。ではそれは心の言明としてはどのように表せるのか。心の言明との因果関係は何か。心の専門家との共同作業を通じて心の科学を自然科学にできる可能性はあると思います。

逆に言えば、心の専門家だけで閉じて心の科学をやることは、心で心を語ることであって、自己言及になってしまうから不可能でしょう。同一レベルで自己言及していると、命題が不可能であることすら証明できない。心理学だけで心がわかるわけではないし、心理学から出てきた認知科学も脳科学と切り離されては何もできない。また、逆に脳科学だけやっていても心の問題は解けません。この立場では、だから「脳の事象が心の何に対応するのか」という解釈をやるしかない。そこで心の言明を脳の事象に写像する、一対一の関係を見つけることが大事なのです。

例えば、私たちはなぜ猫を猫だと認識できるのか。調べてみたら、猫を認識しているときに活動する脳領野が見つかり、活発に発火するニューロンが見つかった、としましょう。従来の脳科学では、このニューロンは猫ニューロンだと解釈するのですが、この解釈が正しいかどうかをこれ以上調べる手立てはありません。観測をいくら精密にしても、猫を認識した時に活動した猫ニューロンが猫をコードしているかどうかは、実は決着がつけられないのです。たいていはそのニューロンだけではない他のニューロンも活動しているでしょうし、それらの中には猫以外のものを認識しているときに活動するものも含まれています。

つまり一対一の写像関係を求めることは不可能なのです。ですから、実験でわかることをもとに、それだけではわからない部分を補う〝解釈〟が必要です。私は30年前に「脳の解釈学」を提案しました。脳が環境の情報を知覚し認識するためには、その情報に対するあらかじめの理解（先行的理解）がまず必要で、それに基づいてそれが何であるかを解釈するが、その結果を現実とつきあわせて先行的理解を変化させ、さらに解釈をし直すという解釈学的循環が重要であると考えました。このように、その解釈を強化する手段があれば解釈学的循環はうまくいき、「脳と心の関係」についての理解は深まっていくでしょう。しかし、この場合はこれ以上解釈を回す方法がありません。すなわち、あくまで心の言明を脳にいったん写像することなしには解釈をうまく進ませることができない。いずれにせよ、この心から脳へのマッピングというのは必要なのです。

一対一に対応させる、写像する

心で起きていることを脳の命題に対応させる——。

そう言ってみても、抽象的で分かりにくいかもしれません。そこで、一方からもう一方の領域に〝写像する〟とはどういうことなのか、一対一に対応させて考えるとはどのようなことなのか、20世紀における生物界で最大の発見であった「塩基配列」について説明することで、思考の補助線を引いてみましょう。

アデニン（A）、グアニン（G）、チミン（T）、シトシン（C）という4種類の塩基があって、その結合によって1つのアミノ酸をコードしている——これが「塩基配列」です。たんぱく質はアミノ酸からできますが、最初のアミノ酸へのコーディングにおいては4種類の塩基でできる。そのコーディングの枠組みが全部わかってきたわけですね。遺伝子がどういう形で表現されるか、そのメカニズムが解明されていくと同時に、ワトソンとクリックによって遺伝子のもつDNAの構造が二重螺旋だということも発見された。

しかし、二重螺旋のテープの上で起きていることの基本はあくまで、3つの塩基配列が1つのアミノ酸に一対一に対応している（トリプレットコード）というシンプルな事実です。つまり、物理学的な過程はその下の原子分子や素粒子のレベルでいくらでも起きているが、生物学の情報論的観点からは、DNAの塩基配列以下のレベルの物理現象は見る必要がないと宣言したに等しいわけです。塩基配列よりも上の単位で生物学の情報処理は行われているから、この下のことはもはや関係ない、原子の運動も関係ないし、ましてや、よりミクロな素粒子の運動なんて関係ないという立場です。

つまり、一対一対応を押さえることで生物を理解する上での情報のボトムを押さえた。それがいちばん「塩基配列」発見の生物学的意味としては大きいのです。言ってみれば、現象の起きている空間スケールの切断に成功したわけですね。ここから下は不要だ、見るのはここから上だけでいいと言いきることができる。とすると、残る問題は「塩基配列」という切断面よりも上に、切断面があるかどうかということです。今のところ、それは見つかっていない。そして、どうやら脳を見ていると、すべてがつながっているようにみえる。人間の脳の現象を見ていると遺伝子も関係しているけれども、遺伝子だけですべてが決まっているわけでもない、遺伝子の発現をドライブする酵素もあるからその上の分子過程も大事だし、神経細胞のレベルを見ることも大切、さらに電気現象になるところも大事だし、集合的な電場や磁場のレベルでも何かが起きているかもしれない。

現象を見ると、上から下まですべての階層が関係しているように見えます。そうなるとやはり全部を見ないと、脳の現象は捉えられないように思われる。しかし、それぞれの研究者はひとつのレベルでの研究しか行っていないわけです。そこで、最近は分子をやっている人と細胞をやっている人と細胞の集合をやっている人とネットワークをやっている人と……というように、みんなが協力して研究をしている。とはいえ、どこのレベルでストーリーを閉じさせたらいいのかも全然わからない。さらに徐々に明らかになってきた情報をどのようなストーリーに載せて解釈したらいいのか、その理論が大事なのですが、理論がダメだとつまらない解釈になってしまうので、良い理論を作らなければならない。脳科学の現在とは言ってみれば、そんな段階にあるのです。

心と脳に関して科学的にどこまでのことが解明されてきているのか。かつての物理学における天文学の歴史を横においてみると、理解しやすいでしょう。

天文学の発展に大きな貢献をしたのは、肉眼で星の観察を続けて膨大な観察記録を残した、ティコ・ブラーエ（1546－1601）です。彼は16世紀において、星と天体に関する膨大なデータを持っていて、カシオペア座に超新星を発見したり、彗星の現象は月よりも遠方で起きていることなどを発見しました。ところが、天体運動にまつわるデータをまとめる理論、つまり天体運動を支配する法則はまだ描かれることはありませんでした。それが理論化されるのには、「ケプラーの法則」で知られるケプラーの登場を待たなければなりません。

ケプラー（1571－1630）はティコ・ブラーエが集めた天体情報をもとに、天体の運動は非常に規則的だという法則を導きました。それ以前にはコペルニクスがプトレマイオスの天動説を覆す地動説を唱えて、天が動いていると思うからややこしい、地球が動いていると思えば簡単じゃないか、少なくとも周転円の数を減らして天体の運行を説明できる、と言っていたわけです。つまり16世紀には天体運動に関する法則がかなり分かってきていた。しかし、脳科学に関しては、まだその段階に達していない。喩えるならばティコ・ブラーエたちが真剣に天空の移動を記述している時代かもしれない。まだケプラーすら出ていない。ただ科学と技術は急速な勢いで発達しているので、そこを抜きに当時のことと比較するのはフェアではないかもしれません。望遠鏡を最初に発明したのはガリレオですから、ティコ・ブラーエとケプラーの時代にはまだ肉眼で天を見ていた。近代物理学が始まるよりも前の話です。

その時代に比べたら、計測技術は日進月歩でどんどん進化しています。脳の計測にしても、刺激の与え方にしても、この10年だけをとってみても、ものすごく進化している。さらに異分野との連携も活発です。例えば物理学者が脳研究に入ってくることによって、どういう新しい計測技術が可能かというアイディアが物理学的観点から提案される、そしてそこからのフィードバックがあり、研究が発展していく。こういう刺激を与えたらこの分子たちはこんな反応をするのではないか、この細胞の働きは今までとはまったく違う反応を見せるのではないか——、ある程度の生物学的な知識があれば、物理学者たちはそういった見立てを想定することができるため、新たな観測装置をつくることができる。

ＭＲＩやＣＴスキャンなどもその代表例です。ＣＴスキャンの発明はノーベル賞をもらいましたが、この原理は数学です。ラドン変換という積分変換をうまく使って、全方位的に観察できる装置のあり方を示した。物理も進歩している。物質材料系のナノテクノロジーの進展によってナノレベルの構造を操作することも可能になっている。だから量子力学のジャンルで大きな技術進歩が成し遂げられたように、新たな知識が脳科学にもどんどん投入されれば加速度的に分かることは増えていくだろうと思います。

ただ一方で、分かってきた詳細で膨大な知識をどのようにストーリー解釈をするか、はまた別の話です。理論体系をどう作っていくのか。それは脳科学だけでなく生物学全般にしても同じことですが、まだ道半ばなんですね。いくつかの試みはあるけれども、それぞれの試みにすぎない。私も案を出しているものの、必ずしもすべてが実証されているというわけでもない。まだ機能するまでには至っていない。最後の一撃が足りない。そこで「心が脳を表現する」「数学は心である」ということを考えているのです。あえて言えば、脳とは、神の心を表現する器官ではないかと。その心は数学に最も適切に現れているのではないかと。時々刻々と不断に変化し続ける脳のダイナミクスを実験だけで捉えきることはできない。そこにはモデルがなくてはならない。脳の数理モデルを作る、脳を数学的に表現する、という意味はここにあると思っています。

第三章　複雑系としての脳

脳というシステム

脳を数学的に表現するとはどういうことでしょうか？　脳科学が科学のどこに位置しているのかを示しながら考えてみましょう。

近代科学は、そもそも現象全体を見ただけでは何が起きているのか分からないので要素に分解して考える、分解した要素が分かればあとはそれをつなげることによって全体を理解することができる、という発想でずっとやってきました。物質を原子に分け、さらに原子を原子核や電子に分ける物理学者の方法はもちろん、生物の体を細胞という単位に分ける――要素に分解して全体を明らかにしようとするこの見方には、問題をとことん突き詰めて対象を極限にまで粉々にすることで、問題の所在を明らかにすることができるという長所がありました。

ところが、カオスの発見によって、この発想では解決できない問題が多く存在することが分かってきました。それを最もわかりやすく実感できるのが、〝脳〟なのです。

部分を明らかにすることによって全体が明らかになるとは限らない。神経細胞の働きが明らかになったからといって、脳のすべてが分かるわけではない。むしろ要素に分解してしまうと、神経細胞が連なってできた脳というシステムの中における神経細胞の働きとは、まったく違うものが見えてくることがある。単独の神経細胞の働きと脳というシステムの中の構成要素である神経細胞の働きはまったく異なっているのです。つまり、神経細胞は単独では意味がなく、脳というシステムの中で初めてその働きに意味が出てくるのです。

比喩的に言えば、例えば自動車はタイヤ、エンジン、サスペンションなどの部品から成り、それらはさらにまた様々な部品から成り立っています。しかし、部品だけでは意味はなく、車というシステムを構成して初めてこれらの部品の働きは意味を持ちます。しかし、脳を車に喩えれば、神経細胞は例えばエンジンを構成するネジのようなものです。しかし、脳と車では決定的な違いがあります。脳はシステムとしての目的に応じてその働きが異なるため、何が機能的な意味で要素になるかはあらかじめ決まっているわけではありません。脳というシステムの目的に応じて、部品になるものが変化するのです。神経細胞が部品ではなく、それらの集合体が部品になることもある。このように、機械を構成する部品とは異なって粉々に分解しては、その実像からむしろ遠ざかってしまう、本質が抜け落ちてしまう。つまり、要素には還元できないという壁にぶち当たることになります。

神経細胞の働きをいくらつぶさに解明してみても、心がなぜ生まれるかは明らかにならない。そういうわけで、脳の機能的な側面の問題、すなわち心に関係する問題を考えようとすると〝複雑系科学〟を視野に入れなければなりません。また、私は脳の機能はカオスの存在によって現れてくるという仮説をもって研究を続けてきました。カオスの数学的表現の中に心が現れているのだと感じてきた。すると心は数学で表現できるということです。そこで、どうしてもここでカオスをさらに詳しく述べるよりも前に複雑系について述べないわけにはいかなくなりました。では、複雑系科学とはどのようなものなのか。

複雑系科学とは何か

科学的な現象理解の方法は多くありますが、最も成功してきたのは物理学の方法論でしょう。実験によって現象を表出させ、理論によってそれを説明し、さらには理論による予言を今度は実験が検証する、という自然に対する理解の方法論です。しかしながら、このような理論と実験を車の両輪とする方法論ではうまく現象の本質を捉えられなかったり、新しい自然観を作ることができないような系が存在するということに人類は気づきました。ここに、複雑系の科学の出現の意味があります。複雑系とは、従来の物理学的方法の根幹をなしていた、システムを単純な要素に分解して、その要素の理解を集合させることでシステム全体の理解を行うという要素還元的方法ではシステムの理解ができないような系のことです。もう少し噛み砕いてみましょう。

ノーベル賞（物理学賞と化学賞）のメダルの裏には二人の女神が刻印されています。自然の女神はベールをかぶっていて顔が見えない、科学の女神、スキエンティアはそのベールをあげて自然の女神をのぞき見ている。つまり自然の女神のベールをはがそうとするのが、自然の理を解き明かそうとするのが自然科学者だというわけですが、朝永振一郎さんは、そういうぶきっちょなことをしてはいけない、ベールの上からでも素顔がわかる科学というものがあるのではないか、と考え続けました。そして彼は亡くなる前に、今でいえば、地球物理学のようなものがそうだろう、と言った。地球物理学は、地震にしても火山にしても厳密な意味で予測可能なモデルが作れないという難しさをはらんだ学問なのです。

我々は科学を考えるとき、通常、モデルを作って考えます。それは科学の常套手段で、実験とは、言ってみれば自然のひとつのモデル系です。実験装置という小さな領域に時間と空間をスケール（尺度）変換して、その装置の中で自然を再現する。しかし、時空スケールが違ったときに、異なるものが見えたのでは困ります。スケールが違っても同じものが見えなければならない。そうでなければ、小さな実験室で宇宙の法則が分かるわけがありません。実験科学として成立する現象は、本質的に時間空間のスケールの変化に対して不変なはずのものなのです。私たちは不変なものを見つけようとするのです。

ところが、地震や火山などはそういったスケール変換に対する不変性があるわけではありません。実験室で何かをするのではなく、フィールドに行って観察をしなければならない。観察をしてデータを集めて兆候を見つけて予測をする、という方法です。火山はある程度はりついて観測をしていれば、噴火の微妙な兆候というものがわかりますが、データを解析するだけですべてが分かるほどには進歩していない。それはしばらく前の御嶽山(おんたけさん)の噴火を見ても明らかです。その山のスペシャリストとでもいうべき人が観察を続けていれば大被害は避けられたはずですが、噴火を予知することができず、多くの犠牲者が出てしまった。また、地震は火山よりもさらに予測が難しく、逆断層にせよ正断層にせよひずんだものがパンとはねる、というプレート境界型のメカニズムは解明が進み、数理モデルによる分析も進歩している一方で、直下型地震や火山性地震などはまだまだ未解明です。すべての地震パターンがモデル化されているわけではなく、理論も精緻に体系化されているとはいえないのが現状です。科学者の感性によってわずかな予兆を捉えることが、もっとも合理的な方法なのです。

でも逆に言えば、そうした従来の厳密な自然科学の枠組みから一見外れているように見えながらもきわめて重要な学問があって、そういうものが今後自然科学として重要になっていくのではないか――それが朝永さんの主張でした。それはあえて言えば〝複雑系の科学〟なのかもしれません。要するに因果関係がはっきりしない、何が原因で何が結果なのかがよく分からないもの、記号的に起きているもの、そんなふうに考えられるでしょう。

この朝永さんの言葉を現在の科学に接続してもう少し踏み込んで言えば、その射程の範囲は地球物理学にとどまらず、生命科学全般に及んでいるはずです。生命科学では、「生命を作っている」のです。私たちは生命のメカニズムをそのまま観測したり、スケール不変の実験をすることで理解しているわけではなく、実験室で生命を作っているといえる。生命システムを作りながら理解しているわけです。

システムの中に入ってはじめて機能をもつ要素は多くありますが、その代表がニューロン（神経細胞）です。無数のニューロン、神経細胞がつながってニューラルネットワークができ、そこから脳というシステムができあがっています。ところが、ネットワークができてそれが働くと、その働きを担う部品であるニューロンの働きは、もとのそれとは違ってきてしまう。システムの中から取り出してそこだけ見たら、まったく違う性質になる。では部品としての働きを、どうやって研究したらよいのか、が問題になるわけです。そこには地球科学と同じような問題の構造があります。つまり、どういうモデルを作ったらいいのかがとても難しい、という問題です。もちろん私たちは脳のモデルを作りながら、脳がどのような働きをしているのか研究を進めていくわけですが、本当にそれで合っているだろうかと絶えず疑いながらやっているわけですね。

初めに何か要素（ニューロン）があって機能をもっていて、それが相互作用してシステム（脳）ができあがっていくというなら要素還元的で簡単ですが、何が要素かまったくわからないところからシステムがうまく働くように発展するなかで、要素系というものが作られていく流れのなかにおいては、要素自体はあくまでシステムの中で意味をもつわけです。だから、システムから取り出したら、それらの要素や部品は何の意味も持ちません。カオスが提起したこの問題は、何よりも脳において表れている。

では、人の脳や心を「作る」ことができるのか？　これが複雑系科学の最先端のテーマです。神経細胞のネットワークをどのように作るのか、そこに歩を進めたいのですが、その前に、研究発展の著しいロボット研究を考えてみると分かりやすいかもしれません。

作りながら理解する

ロボット工学では、人の脳をいきなり研究しても難しいので、脳が持っているような機能をロボットに行わせてみて、うまくいくところ、うまくいかないところを調べて逆に脳を理解するという手法がとられています。人の能力を外在化させて、その動きを見ることで逆に脳の機能を推論する。自分たちで、まず外に作ってみるわけですね。それはコンピュータもそうです。コンピュータは人の思考、推論の能力を外在化させたものですから、人の能力の一部であることは間違いない。しかし、その能力の一部を飛躍的に伸ばす形で人の脳とはまったく別のものを作り上げた。こういうのは複雑系の典型的な研究の仕方です。

人工知能もまた、自然知能とは異なる形での知能を作るものです。では、人工知能はやがて人間のような知性を本当に獲得することができるのか。機械に知性が芽生えるようなことがあるのか？　知性もまた、心の属性の一部なのだから、つきつめれば「心」を作ることができるのか、という問いを未来に内包しているといえるでしょう。

チェスの世界チャンピオンであるガルリ・カスパロフにIBMが開発した人工知能、ディープ・ブルーが勝ったことがありました。１９９７年のことです。当時はコンピュータが何手先をも読んだんですね。先の先まで読んでも組み合わせ爆発があり、手は分岐していくので、数手先は可能性としてはどんどん多くなっていきます。普通はこの組み合わせ爆発を解決するための手段として、コンピュータの速度を速くするか、メモリーの容量を大きくすることで、計算可能性を飛躍的に向上させることが考えられます。瞬時に数手先の可能性を計算することができれば、組み合わせ爆発をしのぐ形でコンピュータが手を打てるだろうという読みですが、そんなに簡単ではありません。というのも、ゲームは場面に束縛されるので、結局、初期の状態がいちばん打つ手の可能性が多く、ゲームの進展とともに徐々に解の可能性は狭まり、とれる手は実際には少なくなっていくはずだからです。

確かに組み合わせ数の可能性は計算してみると爆発的ですが、ゲームというものの性質を考えると、解の空間は徐々に狭まっていく。そこを人はうまく見つけていくのです。ここにいくと詰むだろうとか、ここにいくと詰まないだろうとか、局面を見ている。ところがコンピュータはなかなかそうはいきません。だから、ＩＢＭのコンピュータが勝ったとはいえ、コンピュータはどこまで人間の知性と似た思考をできたのかは、疑問なわけです。真に知性を働かせたのではなく、単に機械的にやっていただけなのではないか。

将棋や囲碁においても、人工知能が人間に勝つ日は近いと言われています。しかし、人間の知性は思ったよりも複雑で、例えば、羽生善治さんは将棋の真理として「読むのをやめる」ということを言われます。とことん読んでしまうと、あるところからかえってわからなくなってしまう。可能性を広げすぎると、指し手が場当たり的になってしまう。だからわざと読まない、という選択をするわけです。

つまり、どの場面で読むのか読まないのか。どこまでを読んでどこから先を読まないのか。そういう直観をコンピュータが果たしてできるのか。もしできるとすれば、機械に知性が芽生える可能性があることになりますが、それは今のプログラミングではできない。あくまでプログラムしたことを忠実に実行することしかできないのです。

ところが最近では、発達のプロセスに応じて機械を賢くしていくという研究を、ロボット工学の研究者たち（大阪大学の浅田稔さんや東京大学の國吉康夫さん）が進めています。例えば人間は、赤ん坊から大きくなっていくときに、手足をばたつかせながら、徐々に歩けるようになる過程の中で、その知能を発達させてゆく。カオス状態から動きが徐々にシェイプされていく過程で、知能を発達させてゆく。そこで、ロボットにも同じような発達過程をたどらせてみれば、人間と同じような知性を獲得できるだろうというアイディアのもと、ロボットの中にも神経細胞が徐々に形成され、歩くようになってゆく成長型のプログラムを入れてみる。この実験が成功すれば、人間に近い知性を獲得できるのではないか、というわけです。従来はプログラミングだけで賢くしようとしてきたのですが、ロボット研究者たちは身体を動かすことで、外界に働きかけながら情報を獲得する過程を重視しているのです。

このように脳においても外界にコミットすることが、本質的なのではないかと思います。環境を観察するだけでは脳は発達しない。外の環境にコミットすることで脳という環境も変わっていく。逆に言えば、今の環境に適応しすぎてしまうと、次に変化した環境に適応できなくなってしまうわけですね。適度に適応するんだけれども完全に適応しすぎてはいけない。随時変化できる柔軟性をもっていなければならない。この加減というのが生命の賢さともいえるのでしょう。では、そのようなゆらぎをもった知性を、作ることができるのか？

生命も作っている

生命を作る。記憶に新しいところでは、万能細胞のｉＰＳ細胞だって、ある意味では生命を作ってしまったのです。どうやったら細胞は再生するのか、そのメカニズムを作ることで深く理解することができるのです。もちろん医療目的ではありますが、生命の再生能力のメカニズムを実現して見せている。ＳＴＡＰ細胞にも、そういう意味で期待していました。今までとは違うやり方で細胞を再生させてみる、環境要因によって再生することができてもいいではないか、という問いを提示した。それは理論的にはありうるから、作って見せなければならない。けれども、「作る」ところに嘘が入ってしまった。だから科学ではなくなってしまったのです。

でも本来、生命とはそうやって「作りながら」理解するところがある。工学者のように人間の能力を外在化させながら理解する、生物学者のように生命の機能を「作りながら」理解する。このように複雑系は「作る」ことが重要なんですね。

あとで述べるように私たちの理論によれば、記憶の働きは、部分的にはカントル集合という数学的な集合に表われています。カントル集合とは点集合で、実数と同じだけ非可算無限個の、数え上げられないだけ多くの要素があるというものです。そういうものをどうやって想像したらよいかというと、普通は想像できない。では想像できない超越的なものに対してどういうアプローチがあるのか？　それは作っていくプロセスを理解すればいいのです。カントル集合ができていくプロセスを理解することで、無限の先にあるものを「理解したことにする」。作るプロセスが理解できれば、行きついた対象を理解したと考えていい、ということです。それならば数学の持つこうした性質をそのまま複雑系の研究にあてはめることで、構成していくプロセスや作っていくプロセスを理解すれば、作られた対象そのものも、きちんと理解していくことができるだろうと考えられるのです。

これは中村桂子さんの「生命誌」に通ずる考えです。そこでは、各個体やゲノムにさえ生命進化のプロセスが刻印されていると考えられています。

脳神経のモデル

そこで考えてみたかったのが、脳神経系のモデルを作ってみることで、数式でその働きを書いてみることで心は表現できるのか、という問いです。脳は百億ともいわれるニューロンのそれぞれが、千から一万程度の他のニューロンと手に手をとりあってネットワークとしてつながることでできている。結合の強弱や結合の仕方を絶えず変えながら構造をダイナミックに変化させている。ではそのダイナミズムを描くことができるのか？

今まで脳神経系のモデルはいくつも提案されています。なかには脳神経系という物質世界を理解したいと思っている生物学者もいるし、脳神経系の構造が集まった時に心なるものがなんらかの形で表現できていると思っている人もいる。私は、それは間違っていると考えています。確かに脳神経系の数学モデルというものはあります。ニューロンの方程式を結合させることで神経システムを表す研究は重要で、意味ある情報を与えてくれることは確かです。でもこれをいくつ集めてみても、心の表現として脳があるという立場からすると、心を表現できたことにはならない。生きた脳、コミュニケーションする脳の情報はそれとはまったくかけ離れることがある。ただ、脳と心の関係を明らかにしたいと考えている意味においては、私もまた同じです。では逆に脳神経系の数理モデルはどれだけあるか。これを見ておくのは大事でしょう。

最初のモデルは、一個の神経細胞、つまりニューロンの働きを示したモデルの中でいちばん簡単なもので、マッカロー・ピッツのニューロンモデルです。数学的には0か1かの値をとるヘビサイド関数で表されます。これは、複雑なシステムを制御する理論の構築を目指したサイバネティクスという学問運動の中で、神経生理学者のウォーレン・マッカローと数学者のウォルター・ピッツが共同研究して得たものです。現代では、数学者と実験科学者の共同研究の重要性が強調されますが、すでに1940年代に数学者と実験科学者の共同研究がなされ、これが功を奏し、実際の神経細胞がいかにして発火するかを説明する方程式を提案できたのです。

ニューロンの働きは、シナプスを通じて外から入ってきた情報をシナプスの重みをつけて足し算し、次のニューロンに出力することです。この出力パターンは、「ある（1）」か「ない（0）」かの2パターンしかありません。マッカロー・ピッツのモデルは、外部からの入力情報の総量が閾値を超えると1を出し、閾値を超えなければ0を出すという関数で、この0と1だけでニューロンを表現しようとするものです。これを本当のニューロンではないという意味で〝形式ニューロン〟というのですが、一つひとつの形式ニューロンを結合させて、人工のネットワークを作ると、チューリングマシンの中でも最強の万能チューリングマシンになる、という証明をピッツがやり遂げました。

つまり、0と1しか出さない関数をたくさんつないでやると、プログラムできるものならなんでも表現できるようになるということです。それならばコンピュータをうまくプログラミングすれば、やがて人間のような知性をもつようになるのではないか——ここから心幻想が始まっていくことになります。ここでチューリングマシンと万能チューリングマシンについて復習しておきましょう。何かを計算できるマシンはすべてチューリングマシンですが、さらに進んで、プログラムできるものなら何でも計算できるのが、そのあらゆる可能性を最大化した万能チューリングマシンです。大学の計算機センターにあるデジタル計算機などはそうですね。一つひとつのチューリングマシンを本質的には一つの数に置き換えることができることを示していくものです。足し算や引き算など特定の計算に特化したチューリングマシンの機能すべてを束ねたものだともいえます。

ここで、この万能チューリングマシンと0と1だけでできたネットワークが等価であることが証明されたものだから、心は、意外と簡単に0と1だけで表現できるのではないかと思われた。ところが、デジタル計算機の能力は人間の脳の一部の能力にすぎない。計算機に心があるかというと、もちろんそうではありません。

スタンリー・キューブリックは『2001年宇宙の旅』で、最初は探査ミッション遂行のため人間に忠実だった人工知能のHAL（それぞれのアルファベットの一つ先のアルファベットを続けるとIBMになる）が、次第に人間に反撃するようになるさまを描いています。ちょっとした人間同士の連絡ミス、虚偽の情報をつかまえて「おかしいぞ」と故障し始め、だんだんと通常の計算機械からずれていく。ではHALのようにエラーが入ると心ができるのかというと、もちろんそうではない。計算機に突然心が生まれるような変化が、ある日、猿が突然道具を使えるようになるかのごとく起きるのかといえば、そうではないでしょう。映画の中ではモノリスという謎の石柱状の物体が登場します。ある種の放射元のようなもので、地球外知的生命体が使う高速パソコンのようなものですが、これがHALの進化を促したという想定で描かれている。HALがちょっと狂うのも、それはこのモノリスの存在によって進化したという想定なのだと思います。

ただ、単純エラーが出ただけでは機械にも心が生まれるとは、とても言えないでしょう。

とはいえ、脳神経系の数理モデルの最初の段階がいきなりチューリングマシンと等価であるということがわかったから、それ以降のモデルにおいては、もっと複雑に理論構築していけば、そこでは当然マインド、心を表現できるだろうと思われていた。0と1だけでなくアナログな出力が出せるようにすれば、もっと複雑なものを表現できるだろう。つまり、0と1の組み合わせではなく、0と1の間のすべての実数を計算に使うことができれば、数えることのできない無限を表現できるので、さらに高度なものを表現できるだろう。それならば、そういうふうに神経細胞の方程式を書きましょうという研究の道筋が描かれることになります。その最初の例としてホジキンとハックスリーはイカの軸索（刺激を伝える、長いひものような神経細胞。情報の出力を担う）を伝わる電位変化を記述する式を発見し、ノーベル賞を受賞しました。

この研究が面白いのは次のポイントです。この方程式は神経科学の中の基礎方程式なのですが、ニュートンの運動方程式と違って、理論式のなかに実験式が入っている体裁のものです。例えば、「物体の速度の時間変化が物体に作用する力に比例する」ことを主張するニュートンの第二法則は、運動の第一法則である「慣性の法則」が成立するという前提のもとでの、ある種の仮説です。あるいは、力の定義と言ってもよいものですが、力学系の体系が無矛盾になるように書かれている。実験式は入っていません。

ところがホジキン - ハックスリーのイカのニューロン方程式には、実験でしか決められないような項が入っている。そこが理論としては弱いのです。確かにその数式によって完璧なイカの神経を再現できるのですが、それは原理原則から導かれたわけではない。現象でしかないわけです。そもそもなぜ神経の働きを式で書き表すことができるのかといえば、その理論的な根拠は、神経細胞の膜電位変化は等価な電気回路で表現できるということです。その電気回路としての式で神経細胞は表されているわけですが、電気回路だけでは決められない係数などがある。この係数を決める理論はわかっていないので、実験で決めるしかない。しかし、逆にこの理論的な弱点が生命を理解する上で必要な方法論になるのかもしれません。生命の複雑さを表す一例かもしれない。

いずれにせよ、神経細胞に対して方程式が存在することを示したのは、当時としては画期的なことでした。このレベルまで行けば、ニューロンの働きが式で書けることがわかった。これ以降、神経細胞モデルはたくさんできていくことになります。一個の神経細胞の働きだけではなく、ニューロンがたくさん集まったときにどうなるのか、そこで現れる予測不能な現象を脳のネットワークとしてどう説明するか。数理神経学者の甘利俊一さんが先駆的に行ったニューラルネットワークの数理理論というものも、思考のベースにできるわけです。

ただそうはいっても、脳のネットワーク全体をどのレベルの式で表現すればいいのかはまだ分からない。今はまだ実験をやりながら、どういう現象が起きているかを記述しているレベルですが、それでは学問的な発展性がない。その先に進むことができません。今はピースが不足しているというよりも、「これはピースですか?」という段階です。ピースを組み合わせて「作る」ところまではまだいっていない。もちろんみんないろいろと想像はしていて、こういうパズルを完成させましょうというレイアウトはあるけれども、何が本当にピースなのかについての意見も違う。ニューロンは神経系に対する構造の単位ですが、それが機能の単位である保証はない。何かある機能が発現した時に、それがニューロンという単位での出来事として表れているのか。もしかしたらニューロンは関係なくて、ニューロンの集合体やグリア細胞という別種の脳細胞の時間変化によってもたらされているのかもしれません。いまだに分からないことが多いのです。

しかし最近、ニューロンやその集合体の発振（振動）現象が注目され、様々な時空スケールで心の現象と関係がつきそうな脳内の現象が発見されています。特に、パーキンソン病、レビー小体型認知症、うつ病、アルツハイマー病や自閉症などのコミュニケーション障害も脳の病気として捉えられ、その情報系への介入に複雑系の数理科学的な手法が取り入れられようとしていますから、期待がもたれているのです。

新しい自己組織化理論

関連して、過去に一つ大きな突破口となりそうな試みがありました。それはコンピューターをつくったジョン・フォン・ノイマン（1903-1957）という、アメリカで活躍し、最初のデジタル計算機を作ったハンガリー生まれの偉大な数学者によるものです。彼はコンピュータを作っただけではなくて、あと二つ大きな仕事をしました。その一つがゲーム理論であり、もう一つが自己複製するような機構を考えたことです。生命はそもそも自己複製するものです。細胞は適当な条件が整えば細胞分裂によってＤＮＡが複製されていく。こうして細胞が自己増殖していきます。その生命の基本的な原理を数理モデルにしたのです。

彼は、自己複製には「情報を伝える部分」と「動く部分」、この二つの部分は絶対に必要だと考えた。そして「情報を伝える部分」は神経ネットワークに対応し、「動く部分」は筋肉組織に対応するとして、これをプログラムの形のルールの集合で示しました。そして、この二つがあれば自己複製ができることを示したのです。

彼の自己複製モデルは、一つひとつの細胞（セル）を同じ大きさの格子に見立てた、無限のセルからなるいわゆる二次元セル・オートマトンです。各セルは各時刻において何らかの状態をとっている。そしてこのセル全体は、ある法則をもっている。それは各時刻毎にどのような状態に遷移するかを示した規則です。状態遷移のルールとしては、

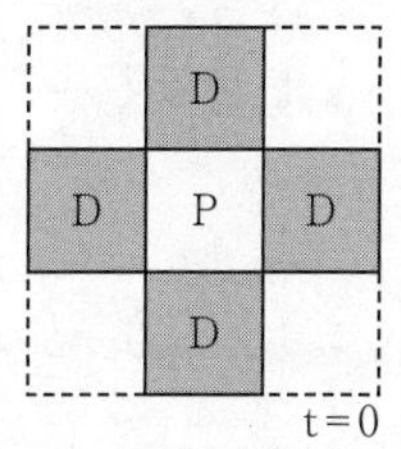

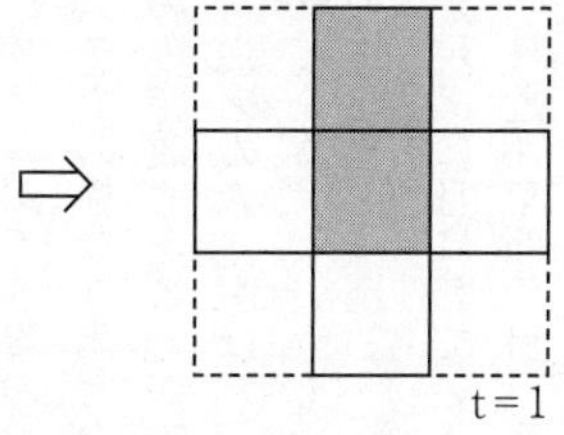

2次元セル・オートマトン
生物を一種の機械に見立て、自己増殖を行う機械として考案されたもの

真ん中のセルと周囲4つのセルの状態から次世代の真ん中のセルの状態が自動的に決まる。この操作が反復され続け、セルが自分自身の状態をひとりでに作りかえていく自動機械（オートマトン）を考えた

例えば「隣接するセルに青が2つあれば、そのセルは次に白になる」というものです。29の状態を持つ個々のセルは最近接4近傍（隣接する4つのセル）と相互作用して自己複製していきますが、各セル自身はすべて同じ規則に盲目的に従っている。ルールは単純なのに複雑な全体がどのように生まれるかを表したこのモデルを、しかし拡散方程式という一つの形にまとめあげることはできませんでした。

　もしこの偉業が達成されていたならば、自己複製のダイナミクスをもつ式ができた。つまり、時間と空間を一緒に持っているようなダイナミクスがわかったはずで、それは脳の機能をも示す可能性を秘めた、画期的なものになるはずでした。規則だけで書かれると、そこにはカオスが生まれる余地がありません。でも自己複製のモデルができれば、神経幹細胞から神経がどのように発生してきたかなどといった分化の過程も、ダイナミクスとして捉えることができるはずです。生命の持っている基本的な仕組みが自己複製なので、そこが式で書けるかどうかは意外と大切なことなのです。単に式が書けるだけでなく、状態の時間発展、時間とともにどのように状態が変化するのかを記述できるような発展方程式が導出されてほしかった。しかし、これはノイマンもできなかったくらい難しい研究です。

そこで、我々は最近、逆の発想をしようとしています。つまり、要素が相互作用してシステムができるのではなく、システムが働くことで要素が生まれてくると考える。システムの構成要素となるべき要素はあらかじめ定義することができず、システムの中でのみ定義することができる、というのが発想のベースなのです。

従来の考え方は、「細胞や個体の要素が集団になることで自発的に新しい構造が生まれてくる」というものです。つまり、ミクロな原子分子が相互作用してある種の共同的な相互作用が出てくると、そこにマクロな秩序が生まれてくるという現象、これを我々が現実に目にしている巨視的レベルの時間空間の秩序であるということを示す――これが最近70年間の自己組織化理論の筋です。そもそも、ミクロな原子分子の相互作用からマクロな秩序が生まれてくるような現象を、物理学や化学では〝自己組織化〟と呼ぶのですが、その理論はサイバネティクスで始まり、その後イリヤ・プリゴジンやヘルマン・ハーケンという人たちを筆頭に、多くの物理学者、化学者、数学者が提唱したものでした。

特にプリゴジンは「散逸構造論」という画期的な概念を打ち出してノーベル賞をもらいました。エネルギーの絶え間ない散逸の中から構造が立ち現れる、という逆説的な概念ですが、例えば次第に冷めていくお茶について考えてみましょう。熱いお茶は空気に触れて冷めていき、やがてその変化の状態は止まります。これを平衡状態といいますが、ある秩序が生まれるようにするためには、非平衡状態を作り出さなければなりません。つまりエネルギーや物質の流れが常にあって、絶えず外部とエネルギーのやり取りがあるとき、このシステムのエントロピー生成率（単位時間あたりの乱雑さの変化）が最小になるような形で中に秩序が現れるのです。これを自己組織化のモデルとして考えたのです。

一方でハーケンは、原子分子のミクロな相互作用によって、ある種の秩序を作れるような集合的な変数ができ、その変数がミクロな変数をすべて引っ張っていって隷属させる。ミクロな多数のモードがすべて少数の変数に隷属されていって集約されることで、そこにマクロな秩序が出てくるという〝隷属原理〟を提唱しました。

この二つが代表的な自己組織化の理論です。ところが、これらの理論ではカオスの発生や生命の発生過程を示せません。例えば、脳ができあがっていく過程は、機能分化によって説明できます。つまり、脳の後ろの方の後頭葉が視覚野に、横の方の側頭葉が聴覚野に……といったように機能分化していきます。それにともなって心も生まれてきます。このダイナミクスを持った原理はいったい何なのか。これはまさに未解決です。しかし、私たちは次のように考えて、この脳の機能分化の謎に挑戦しています。

つまり、システムに、あるマクロな拘束条件があって、この拘束条件を満たす形（何らかの量を最大にしたり最小にしたりすること）でシステムが組織されていったときに、そこに部品（あるいは成分）ができてくる、と考えて機能分化のモデルを作り、真の機構を明らかにしようとしているのです。部品とはシステムの中に入ったときに働くけれども、外に取り出したら何の意味もないもの。システムの中でこそ意味があるものです。そして、このように考えると、先ほどのニューロンの式も、脳のニューラルネットワークというシステムの中においてはまったく異なる式で表現されなければならないかもしれないのです。

ニューロンの方程式を一生懸命研究して正しい方程式をつないであげれば、人工的なニューラルネットワークは完成するように思われる。しかし、実はカオス的なプロセスの中から徐々に部品ができるのだと考えると、この機能分化のプロセスをも織り込んだ形のニューロンの方程式はまったく異なるものになるでしょう。だから機能分化の問題、つまりマクロに何か拘束条件が与えられたときに機能単位としての部品が徐々にできていく、そのダイナミクスをも描ける理論を作らなければならないのです。

この問題意識は、コミュニケーションをしている時のそれぞれの人の脳活動の変化が、単独で働いているときの活動とは異なる特徴的なものである、という研究から生まれたものです。脳は、他者とのコミュニケーションによってダイナミックに構造が変化していく。何人かの研究者たちが、二つの脳の相互作用の研究を行うなかで、コミュニケーションにおける脳活動の変化のダイナミクスを数学的に表現しようとしてきました。その試みのなかから機能分化の研究が生まれてきたのです。

そこで、まだ理論はできていないのですが、一つの可能性の提示として、研究室の人たちと一緒に数学モデルを作りました。それは次のようなものです。システムに外の情報を入れて、その情報をシステム内に最大に伝えるためには、どんな部品ができるかを見てみると、ニューロンと同じような性質を持った部品が選ばれてくることを数式で示しました。この結果は、実際の神経系においてなぜニューロンができたのかという、生物進化の根本問題の解決に示唆を与えています。ニューロンは、外の情報を神経系の内部に最大限効率よく伝えるために必要な装置として生まれてきたのではないか、という示唆です。

もう一つは脳の機能モジュールの分化に関する数理モデルです。お互いに受け渡す情報量を最大にする最大化原理によってシステムを発展させます。できるだけ情報量が高い力学系を選び、低い力学系は捨てていくというプロセスを繰り返し行っていくと、システムが機能分化していくというシミュレーション結果が得られた。これらを数学的に定式化したいんですね。

これができると、問題を逆転させることが可能になる。つまり、システムに環境の変数、外の情報を入れていくということです。外の変数を使ってシステムの働きを最大化させるような形でシステムの発展を決めていく。すると成分（部品）が生まれてくる、機能分化が起きてくる。外部の働きによって中に分化した個々の成分（部品）ができてくるのです。つまり、「他者によって自己ができてくるようなメカニズム」が、これによって可能になるのではないか。私の脳は他者の心を通じてできているという仮説が、数学的に裏づけられるようになるのではないか、と考えているのです。

第四章　カオスの超越性と心

あるべきところから、ずれるもの

ところで私は昔から、「本来あるべきところからちょっとずれるもの」や「常に変化し続けてとどまるところがない」ものに興味を持ってきました。カオスはまさに、ほんの少しのずれがどんどん拡大されていって、将来の振る舞いが正確に予測できないという性質を持っています。数学や物理学は厳密な論証をしたり、現象を厳密に記述し、予測し、確認するという性質ゆえに精密科学とも言われていて、実際にこれらが学問の発展も導いてきました。しかし、いざ自然に向き合うと、それだけでは捉えきれない現象がたくさんあることに気づきます。宇宙や地球の変動、生命現象や脳の思考や記憶の成り立ちなどは、まさにそういうものです。自然を人間の思いどおりにできるはずだという近代科学の体系から抜け出して、カオスが示す様々な姿は、その奥深い論理と自然の神秘性を私たちの前に提示してくれました。

そのカオスが脳の中でも発見されたのです。まず、ラットの匂いの情報処理の過程でカオス的な電気信号の集団が存在することが発見されました（米国のフリーマンやケイ）。その後、記憶を司る海馬のＣＡ３という場所で、カオス的な電気信号が現れることも分かってきました。私は、脳にカオスが存在すると仮定して「カオス的脳観」という考え方を提唱してきましたが、実際に脳にはカオスが存在し機能的役割を果たしているようなのです。

ではカオスが心とどう関わるのか？　まず心を支えている記憶との関係から見ていきましょう。

カオスは第二章で述べたように、数学的には超越的な性質を持っています。つまり、カオスの中には可算無限個（数え上げられるが無限個）の周期軌道と非可算無限個（数え上げることができない無限）の非周期軌道が存在し、また自分自身に繰り返し任意に近づくような稠密（ちゆうみつ）軌道が存在しています。これらは有限の計算や観測では、その真の姿を捉えることができないような複雑なものです。

カオスの超越性は有限の計算を受けつけないゆえに、無限との格闘を人々に強いているように見えます。実際、ほとんどのカオスは計算した軌道の集合では追跡できない、という性質まで持っているのです。つまり、カオスは計算不可能であり、その意味において「不可能問題」を内包しています。では、このような超越的な存在が脳の中に現れるといったい何が起こるでしょうか？

カオスを厳密には計算できなくとも、カオスが何かを計算しているかもしれない、カオスが脳の現象を表現しているかもしれない——それが、私たちが提出したモデルです。

私たちは（池田研介さんや金子邦彦さんと共同で）、このことを説明するモデルを「カオス的遍歴」と命名して数学的な研究をしてきました。また、カオスには〝情報の編集機能〟があることも明らかになりました。カオスは情報を加工したり保持したり、さらには新たに生成したりすることができるのです。もしこのカオスが脳にあるとすれば、脳の情報編集はカオスによって行われていることになる。そして、実際に脳の中にはカオスが発見されています。しかし、脳の中のカオスの振る舞いを捉えるのは難しい。そこで、コンピュータとは違って時々刻々と変化するプロセスの中に情報を蓄えるカオスの性質を、「カオス的遍歴」（あるいは「カオス遍歴」）という概念で捉えようとしたのです。

カオス遍歴とはアトラクター間のカオス的遷移のことです。ここで、アトラクターとは、その周囲の軌道を全てそこに引き寄せる、吸引する性質を持った集合のことです。ですから通常は、アトラクターに入ってしまえば軌道は決してそこから出ることはできません。しかし、アトラクターが一時的に不安定であったり、ゆらぎをもっていると、アトラクター間の遷移が可能になるのです（その数学的機構も研究されていて、私は、5つのシナリオを提案しています）。

遍歴という言葉は旅人の遍歴をイメージしています。旅人は宿から宿へと移動していきますが、宿への滞在期間はその時々です。ある宿には3日間、また別の宿には1ヵ月滞在してまた旅に出ます。旅人は一つの宿にずっととどまるわけではありません。ずっととどまれば、それは宿ではなく自宅です。つまり、宿は最終的な落ち着き先としてのアトラクターではなく、そこから旅人が出ていく不安定なルートを内包しています。さらに、旅人が一時滞在することで、宿は宿としての意味を持ちます。旅人の旅程というダイナミクスがあるから宿は自宅とは異なるアトラクターとしての意味を持つようになるのです。

運動や意味が何かに収束するときに現れる軌道の集合、ある現象がやがて収束していく最終的な落ち着き先のようなものを、すぐ前に書いたように〝アトラクター〟と呼びますが、このアトラクターのようなものが情報処理の鍵を握っているのではないか。旅人が宿から宿へと渡り歩くように、軌道がアトラクターからアトラクターの間をカオス的に遷移していく形で、情報が機能編集されているのではないか、と考えたのです。

近年、外部からの刺激がない状態でも脳は活発に活動し、様々な心の状態をダイナミックに切り替えている様子が観測されています。昔は、外部からの刺激がなければ脳はほとんど活動しない、微弱なノイズのような活動しかしないと言われてきたのですが、近年では、刺激がないときでも、刺激があるときに起こる脳活動に似た活動（デフォールト・モードと呼ばれるダイナミックな活動状態）が観測されるようになったのです。これは、脳は必ずしも外部刺激に直接反応するのではなく、外部刺激に対するダイナミックな内部イメージを作っていて、いつその外部刺激が入ってきても、対応する内部イメージに素早く反応することで外界への即時適応ができるようになっているということを意味しています。つまり、脳は刺激―反応マシンではなく、外界に対する内部イメージを常に作っていて、外部からの入力を一つの刺激として、内部イメージを呼び出すことでこの編集された情報に基づいて外界を解釈しようとするのです。

カオスが心を表現している

カオスという数学的構造が心を表現している、そのリアリティを与えてくれる実験結果があります。米国の神経科学者であるウォルター・ジャクソン・フリーマンと、その弟子たちによるウサギやラットの匂いの情報処理の実験過程で、「動物はカオスが生まれているときのみ記憶をしている」ということが明らかになりました。

匂いの情報はひとたび学習されると、脳の中の嗅球という場所におけるニューラルネットワークの活動が、アトラクターになることで表現されます。すでに学習された古い匂いは、すでに情報が処理されて収束した〝アトラクター〟の形で、脳に履歴として残っている。そこにまだ嗅いだことのない新しい匂いの情報が入ってくると、これと似た匂いは脳の記憶にはないだろうかと、古い匂いのアトラクターの間を遷移していくことで、つまり「カオス遍歴」することで、記憶のサーチが起こるのです。「この匂いはあの匂いではないか？　いや違う。今までに嗅いだどの匂いとも違う」というように。

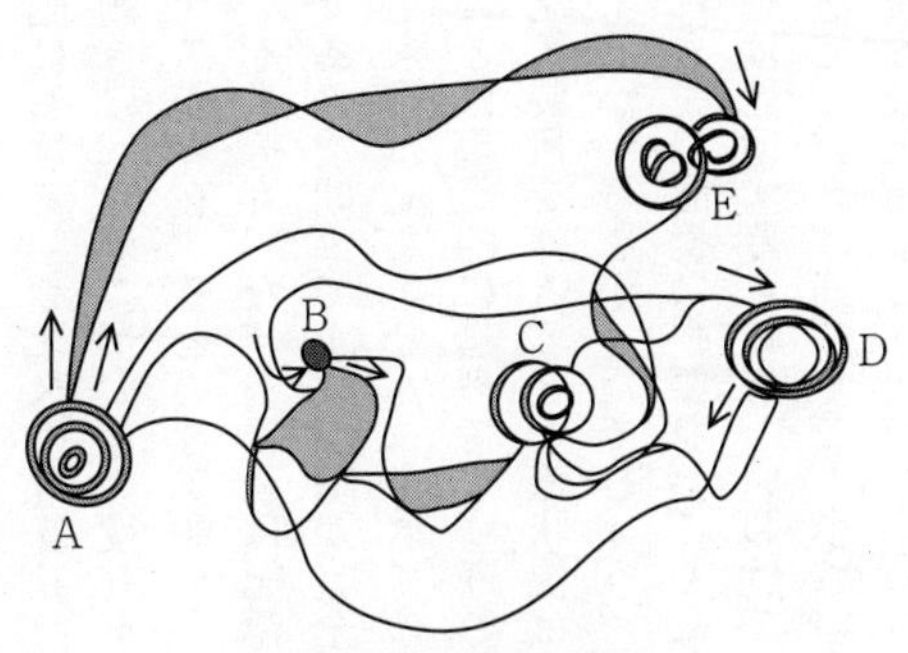

カオス遍歴の概念図

擬似アトラクターA、B、C、D、E等の間をカオス的に遷移する
(I.Tsuda, Curr.Opin.Neurobio. vol.31, 2015, page67−71より改変)

「今まで知っているどれでもない」ことを、「今まで知っているもの」にアクセスしながら、思い出すプロセスの中で知る。この「思い出す」というのが記憶ではないか。この思い出すことによって記憶は構築されるのではないかと思われるのです。

こうして、過去を思い出しながら、すでに学習されたどの匂いとも異なるという認識を得ると、その後に新しいアトラクターとして表現されることになります。このように、「カオス遍歴」は新しい知覚や認知といった心の働きの一側面を〝計算できる〟ことがわかってきたのです。

そして、これによってさらに何が計算できるのかは脳科学的にも数学的にもとても興味深い問題です。比喩的に言えば、1＋1が2ではなく、3でも4でもあることを許してしまうような世界が〝カオス〟の世界ですが、カオスそのものは複雑すぎて計算できないとしても、カオスが複雑な世界を計算してくれるかもしれない。このような世界の記述の書き換えが可能かもしれない。この意味で、私が興味を持ち続けてきたのは、脳における「カオスの計算論」というものです。特に、記憶というダイナミックな脳の働きにはカオスが大きな役割を果たしていることが分かってきました。実際に脳内にカオスが存在するという実験データが示されるようになってきたのです。

そもそも、なぜ神経系は記憶という装置を作ってしまったのか？　これは大きな神秘であり、問いです。環境が完全にランダムで予測できないものだとすると、記憶はそもそも役に立ちません。すべての出来事を覚えておかなければならなくなる。でもそんなことは現実的に無理でしょう。すると記憶には意味がないので、神経系が有限の材料で記憶装置を作ろうとする状況は起きなかったと思います。そういう進化的なプレッシャーはかからなかったでしょう。一方で、予測可能なことだけが起きているとすると、これもまた記憶は必要ないことになる。例えば一定の間隔で太陽が昇り沈むという周期運動は記憶する意味がないわけです。まったく同じことが繰り返し起きるだけですから、あえて言えば、ごくごく小さい容量の記憶、反射という神経の記憶だけがあればよくて、複雑な記憶などはまったくいらない。

この両極端を考えると、脳だけが複雑な記憶装置を作ったことの意味が見えてきます。

自然や人間社会を含めた環境は完全に予測可能でもないし、かといって完全にランダムでもない。決定論的でもなく確率論的でもない。必然でもなければ偶然でもない。環境は途方もなく複雑なわけで、そうした偶有性（コンティンジェンシー）と呼ばれる出来事が起こる複雑な環境と向き合うために、脳は記憶という装置を持つようになったのでしょう。脳はカオスを発生させることで、記憶だけでなく、様々な知覚や幻覚までも生成するようになってきたと考えられる。つまり、脳はカオスやカオス遍歴を生み出すことで、何らかの心の状態を計算していると考えられるのです。

しかし、近代科学の鎧（よろい）を脱ぎ捨てて生まれた新しい科学であった「カオス」のようなものは、科学が今のような発展を遂げるはるか昔から、科学以外の領域で多くの優れた先達たちが考えてきたことでもありました。私が惹かれてきた先達たちの哲学に触れながら紹介してみようと思います。少し寄り道になりますが、では、それはどんなふうに描かれてきたのか、少なくともこれらのエピソードにはカオスに内在したカオスの超越性がとてもうまく表現されていると思われる。すると、まさに数学的なカオスの心が読み取れるのではないでしょうか。しかも、それが人の心とも関連するものであるとすると、とても興味をそそられるのです。

荘子におけるカオス

カオスはまるで心のようだ。それを最初に感じたのは荘子の「渾沌(こんとん)」の話でした。荘子といえば俗世間から離れて暮らし、徹底的に価値や尺度の相対性を説いたことで知られています。私が高校生だった頃には、国語の教科書に荘子の「胡蝶の夢」というお話が載っていました。夢の中で胡蝶(蝶)としてひらひらと飛んでいたところ、目が覚めたけれども、あまりにも気持ちがよかったので、果たして自分は蝶になった夢を見ていたのか、それとも今の自分は蝶が見ている夢なのか――目が覚めたときに果たしてどちらだったのかわからなかった、というものです。これは、すべては相対的なものだ、という「万物斉同の原理」を示したもので、意識に縛られない自由な境地を説いたわけですが、その後出会ったのが「渾沌」でした。

「渾沌」つまり「カオス」は、いろんな国の神話に登場します。例えば、ギリシャ神話においては、そもそもこの世界の始まりは、光も形もない深い底なし沼のような混沌、カオスであって、そこからあらゆる神が生まれてくるわけですが、まさに生み落とされる前の原初のものが未分化な状態としてそこにある。そういうあらゆる可能性を包含した空間としてカオスは描かれるわけです。

では荘子においてカオスはどう描かれているのか。「渾沌」とは、こういう話です。

「南海の帝を儵と為し、北海の帝を忽と為し、中央の帝を渾沌と為す。儵と忽と、時に相い与に渾沌の地に遇う。渾沌これを待つこと甚だ善し。儵と忽と、渾沌の徳に報いんことを謀りて曰わく、人みな七竅ありて、以て視聴食息す、此れ独り有ることなし。嘗試にこれを鑿たんと。日に一竅を鑿てるに、七日にして渾沌死せり」

（金谷治訳注『荘子』（岩波文庫）の「内篇」より）

昔、三つの国があって、それぞれに王様がいました。中央の王様は「渾沌」、北と南の王様はそれぞれ「忽」と「儵」といいました。「儵」というのは人間の素早さ、「忽」とは人間のあざとさを表現しているのですが、「渾沌」には最初は定義がありません。ところが、あるとき渾沌が「儵」と「忽」を招いて渾沌の地でパーティーを開くんですね。大変楽しかったので、「儵」と「忽」は相談してどんなお返しをしたらいいだろうと話したところ、「渾沌の顔には普通人間にある七つの穴がない。目、耳、口、鼻といった穴がない。それでは不便だろう。だから一日に一個、渾沌の身体に穴をあけてあげましょう」と。そうして毎日一つずつ穴を開けていった。すると七日目にして渾沌は死んでしまった――。

つまり、混沌に目鼻をつけると混沌の本性がなくなる、ということを意味しているお話です。そしてこの感覚は、我々が数学の対象にしているカオスとピッタリなのです。

カオスとは可算無限個の周期解（周期的な運動を表す）、ただし不安定なものと、非可算無限個の非周期解（周期を一切持たない非周期運動）をあわせもっている。さらに一本の軌道で、これがある領域で常に自分自身の近くに戻ってくるような稠密軌道がある。この三つがカオスの特徴です。カオスの解を見ようとしても見えない。カオスの本当の顔がどこにあるか、有限の計算や観測をしただけでは見えない。そこから想像することしかできず、分析しようとすると何かが失われていく。だから数学的な概念としては定式化できるのですが、目の前で見ようとすると実際には見えない。まさに「渾沌は死んだ」という形になってしまう。こういう性質をもったものがカオスなので、荘子の「渾沌」とぴたりと一致しているのではないかと、象徴的なエピソードとして読んだわけです。

荘子の因循主義と科学的因果律

一般に荘子は老子の思想を発展させたので、老荘思想として一括されているのですが、やはり荘子を読んでみると、老子とはずいぶんと違う。物ごとをどのように理解するのか、ものの見方といったものが説かれている。なかでも複雑系科学にとって大切だと思われるのが、「因循主義（いんじゅん）」です。これは、自然に〝依り従う〟ということです。つまり、人間的な因果を捨てて、自然の法則に身をまかせるということですが、これは方程式で表される決定論に従いながらも、結果は振る舞いの予測ができないカオスの複雑な性質を言い当てているようです。

そもそも自然に因果関係を見出し、数学的表現を与えたのはニュートンです。物体の運動が変化するという結果には原因がある。それは力である。つまり、力を加えれば運動は変化する、と考えた。こういう因果関係を法則として数学的に定式化したのです。しかし一般に理解されているのとは異なって、第二法則は法則ではなく、むしろ力の定義を与えたものだと考えられます。絶対座標系で見て静止しているか等速直線運動をしている以外の運動が発生したら、それには何か原因があると考える。それを〝力〟として、等速直線運動からの変化、すなわち加速度に比例するとして定義したのです。

ニュートンの運動方程式にもシュレーディンガーの波動方程式にもそれは現れているのですが、ある量の瞬間的な変化の割合を含んだ方程式で描くのが自然科学における定式化です。例えばニュートンの運動方程式によれば、観測を始めたときの位置や速度といった初期条件だけでなく、どの瞬間でもその瞬間の物体の位置と速度が分かれば、全過去と全未来は決定される。このように一義に運命が定まる決定論的な記述は、因果関係的な構造の帰結です。これは人間的な因果関係とはまったく無縁な、ある意味で無機質な因果関係に見えますが、本来定義であるべきものを法則とみなすのですから、それは恣意的な因果関係と言わざるをえません。

ところがカオスは、時間の前後関係がそもそも意味をもちません。時間の前に行っても後ろに行っても不確定性が出る。時間の無限の未来で、その運動を始めたはずの初期の状態が決まってくる場合すらあるのです（数学的には生成系と呼ばれるものです）。ということは、因果関係はないということです。そこでは原因と結果という考え方そのものが意味を失ってしまう。ニュートン方程式のような決定論的な運動方程式では初期条件を与えることで未来が予測できるわけですが、ニュートン方程式の解がカオスの場合、時間の秩序というものがなく、状態変化を繰り返すうちに最初は何だったのかが次第に分かってくるところがある。つまり、時間の前後が逆転しているといってもいいかもしれません。

この意味で因果性は消滅しています。逆に、時間の順方向（未来の方向）だろうと逆方向（過去の方向）だろうと、初期条件に関する情報は指数関数的に、あっという間に失われていくので、時間の前後での因果関係は失われています。しかし、カオスのネットワークの中には別の因果関係が存在しています。それが情報の流れであり、カオスの計算論の本質的な部分です。これがすなわち、脳や心とパラレルに考えられるところなのですが、外部からカオスに情報を与えることで、情報がカオスネットワークの中でどのように変化していくかを因果的に見ることができるのです。その個々のカオスでは、初期状態の情報は時間とともにどんどん失われていきます。

ことがカオスの中では因果性が成り立たないことを保証しているのですが、カオスがネットワークを作ると、事情が変わってきます。そこでは因果関係が復活するのです。ネットワークを構成するカオスの一つに外部情報が入ってきたとすると、そのカオスの中ではその情報はどんどん失われていくのですが、完全に失われる前につながっている他のカオスにその情報を受け渡すことで、ネットワーク全体としては外部情報を保持できる。外部情報は常にどこかのカオスに渡っているのですが、すなわち遷移するのですが、情報を受け持つカオスはどんどん変化しています。このようにカオスネットワークでは外部情報をダイナミックに保持し続けることが可能になるのです。

この様子は、川の流れをある一定の場所で見ていれば、水を構成する水分子はどんどん変化していきながら、川の流れとしては同じ流れに見えることに喩えられるかもしれません。これはまさに、記憶がどのように保持されるのかを考える上でも示唆的です。カオスがあることで、カオスの間を遷移していくことで脳には情報が保たれている。このような意味で、カオスの中の情報の流れが、心の状態変化を表しているのかもしれないと考えています。

エピクロスの原子論、アリストテレスの脳科学

荘子の「渾沌」とは、結局、混沌に人間的なあざとさや素早さとか賢さを与えると、

その本性を失うという考え方でした。それに少し近いのがデモクリトスの原子論に反対したエピクロスの原子論です。エピクロスというと典型的には「快楽主義」が挙げられますが、天体や月を一生懸命観察していたり、夏休みという概念を最初に作って学校に休みを導入したり、いろいろなことに功績のある人です。休みというものをキリスト教よりも早く作ったそのユニークさは、エピクロスが唱えた原子論にも表れています。

デモクリトスはそれ以上分割できない、目に見えない微小な物体を原子と名づけ、すべてのものは不変な原子によって説明できるとしたわけですが、エピクロスはデモクリトスの原子論には「生成」という概念がないと批判した。何かが生まれるのには、むしろ原子は本来ある軌道から少しずれなければならないと言って、これを「偏倚（クリナメン）」と名づけたのですね。少しずれることで原子同士は衝突することができ、新しいものが生まれる、生成するのだと考えた。

カオスとは本来あるべき一本の軌道、つまり数学的に厳密な解軌道があったとすると、それを計算あるいは観測しようとしても少し誤差が残る、するともとの軌道からどんどんずれる性質をもっています。そこにどんぴしゃ乗せないと真の軌道からはずれてしまう、本来の自分から常にずれるという性質をもっています。その上で、軌道はコンパクトな空間の中に収められているので、限られた領域の中で非常に複雑な運動が出てくることになる。例えば、喫煙室の中における煙草の煙のようなものです。有界な空間に閉じ込められたとき、軌道は次々と異なる道筋を描きカオス的な動きをする。このカオスの本質的な性質を古代ギリシャ時代、紀元前4世紀のエピクロスが言い当てていた。

エピクロスの原子のイメージがちょうどカオスの本質と一致するように、古代の中国や古代ギリシャ時代に当時の人々が概念的に考えていたことを我々は現代科学としてやっている。そこが科学の面白いところでもあるし、実証に先立つ概念というものの奥深さを知るきっかけでもあります。もちろんデモクリトスの原子、アトムという概念自体もそうです。アトムが実証されたのは量子力学が生まれてから、つまり20世紀になってからのこと。そう考えると、ある概念が科学的に実証されるのには、ものすごく時間がかかるといえます。

それと同時に、荘子の因循主義やエピクロスの原子論のように、古代の哲学の中には近代科学には結実しなかった、もう一つのシナリオを見出すこともできます。近代科学の後に到来した複雑系科学につながる萌芽があったことがわかる。カオスをはじめ、決定論的でありながら偶然性とゆらぎをもった科学に連なる概念を、数千年の時を遡って見出すことができるように思います。

アリストテレスもまた、いまの脳科学者たちが研究しているようなテーマを、一種概念的に考えていた人です。例えば記憶とは何か、感じるとは何か、心の動きとは何か、ということを哲学として提示して見せた。逆に言うと、アリストテレスの哲学は近代の物理学と相いれないところもあります。アリストテレスの作った物理学というものがあって、これは経験に基づいて物の変化を記述しようとしたものですが、物理学としては本質論には至らなかった。ガリレオ以降、それはすべて否定されていく。ところが脳科学にとっては、また別の意味を持ちます。脳科学とは経験的なものですから、心に関する洞察においては、アリストテレスの物理学は非常に本質をついているところがある。

つまりアリストテレス物理学が失敗した原因が、実は心に関する考察を成功させたポイントでもあるのです。例えば、机を押してみたら、そこには力がかかると思うわけです。ただ、その経験だけで物理を作るとなると自分の感覚を第一義的に考えているために、普遍的な理論にならない。それではニュートン力学までは至らなかった。つまり机を押したとき「机が重い」と感じるのは摩擦があるからです。けれども一切摩擦のない世界であればどう感じるだろうかと、現実とは異なる理想の状況を考えることはできなかった。

アリストテレスにはすべて経験したものをもとにして、自己中心座標の中でしか考えられないという限界があったのです。それはちょうど天動説と地動説をめぐって繰り広げられた議論、どちらが真実であるかがわかるまでのプロセスにも似ています。経験的に言えば天が運動しているように見えるけれども、実際には地球のほうが動いているのだと考える、そういう視点をもてるかどうか。

物理学のような学問が非常に革命的なのは、そこに転換があるからです。物理学が発展を遂げる局面では、そういったコペルニクス的転換が起きる。ただ、経験していないけれども想像できる地点までレベルを上げてみるやり方は、近代物理学においてプラスに働いた一方で、脳の問題においてはそうではなかったのかもしれません。脳科学は経験したものを積み上げて理論構築する学問なので、従来の物理学的な手法では限界がある。しかし、脳がいろんな感覚を通じて情報処理をすること、情報を統合して判断して道筋をつける、という一連の経験世界のことはアリストテレスがよく書いていたことなのです。むしろ、アリストテレス的な経験主義的な手法と脳科学とはうまくマッチングがとれるかもしれません。

「カオスが心の科学を可能にする」という私の視点を、このアリストテレスの物理学にひきつけて言えば、こういうことです。決定論的な方程式からは未来永劫にわたって決まる一義の解が出てくるだけであって、新しい生成はそこからは何ら生まれないだろうと考えられてきた。ところが、原因が決定論的であっても結果は決定論的でないということがありうる。決定論的な方程式から予測不能な異次元の怪物のようなものが生まれることがある。カオスが革命的なのは、この概念の転換を示したからなのです。

たとえ決定論的であっても、そこにカオスが内在していれば偶然性（ランダムネス）が生まれてくる、つまり自由意志が生まれてくるのです。脳の中にカオスが生じることによって私たちの心に自由度が与えられます。すべてが決定されたかに思えても、心は無限に解放され判断の自由を獲得します。だから、カオスが心と関係していると考えられる。脳の中にカオス的なものがあれば、自由意志が存在すると言える。そうして記憶や想像力といった心にまつわる脳の働きが生まれることも説明ができるでしょう。みんなが思っている〝心〟というものの働きの一部は、カオスがあることで説明できるのです。

こうしてカオスからランダムさが生まれ、自由意志の存在が説明できるとはいっても、行動は完全にランダムではありません。場面や状況が似ていれば私たちは同じような行動をとるでしょう。環境や身体といった有限性によって、ランダムさも規定され、意志というものも決定されてくる。脳が決定論的でもなく確率論的でもない、〝偶有性〟という、言ってみればゆらぎをもったシステムだというのは、そういうわけです。

カオスの中立安定性と心

カオスを一つの情報装置だと捉えたとき、カオスの間を次々と情報が遷移していくかたちで脳は記憶をしていると考えるとき、カオスの遷移はどのように行われているのか。私はこのような安定でもなく不安定でもない、ゆらぎをもったカオスの性質は人間の知性というものをも表しているように思うのですが、〝中立安定〟という言葉で説明が可能ではないかと考えています。

脳がカオス状態にあるときに外部から情報が入ってきたら、その情報はカオスの中でしばらくは生き続けますが、カオスが因果性をつぶすので、そのままの状態では情報は消えてしまいます。情報を記憶として長期にわたって残す（長期記憶）には、カオスが別のアトラクターへと収束する必要があります。このような記憶のアトラクターが脳の学習によってたくさんできたとしましょう。このアトラクターが安定なら内部的なゆらぎは発生しませんが、アトラクターが中立安定の状態になれば、ゆらぎが発生し、アトラクターから別のアトラクターへ遷移が起こります。この遷移がカオス的になることがあり、これをカオス遍歴と呼んでいるのですが、カオス遍歴は中立安定なアトラクター間のカオス的な移動を可能にします。

つまり、古い記憶はアトラクターとして蓄えられるが、そこに新しい記憶を作ろうとすると、古い記憶を壊さないように作らないといけない。このとき、古い記憶間をカオス的に飛び移りながら新しいアトラクターを作っていくと、古い記憶を壊さないで新しい記憶を作れることが私たちの研究でわかっています。これは、新しい記憶を作るときにニューラルネットワークの中で起こることですから、脳もこのようなカオス機構によって新しい記憶を作っているのではないかと考えられるのです。

もしも記憶を長期に蓄えるのではなく素早い情報処理を行うためだけに少しの時間記憶するのであれば（短期記憶）、記憶を表す個々のアトラクターはカオスでも良いことが分かっています。外部情報は個々のカオスにとどまろうとすると、カオスに因果性がないことから情報は消滅してしまうことは述べました。しかし、一つのカオスにとどまらないで、情報がなくなる前に他のカオスに移ってしまえば、情報は生き残ることができる。このように次から次へと異なるカオスに移っていく仕組みがあれば、カオスのネットワークは外部情報をダイナミックに蓄えることが可能になるのです。

情報がカオス間を飛び回っていれば、理論的には動的な長期記憶ができますが、脳はダイナミックな活動状態をずっと維持し続けるのは難しいのです。これは消費エネルギーに限界があるからです。ただでさえ、脳は多くのエネルギーを消費しています。脳というシステムを死という熱力学的平衡状態に落とさないように、平衡からずっと離れた非平衡状態に維持し続けるだけで大量のエネルギーを必要とします。さらに、大量の情報処理をするためにこれまた大量のエネルギーを消費せねばなりません。ですから、こういう動的な長期記憶は脳では不可能なのです。そのかわり、カオス遍歴のようなダイナミクスを使って、短期的に動的な状態として記憶を保持できるのです。さらには、長期記憶をカオス遍歴によって瞬時に読み出し、知覚や認知に役立てることも可能になるのです。

こういったことは必ずしも抽象的な概念ではありません。例えば哲学者のジョン・サールは、人間の発話の構造を研究する中で、「何かを言うことで何かが遂行される」文の構造があることを指摘しました。発話の一つの形態として、例えば「ここにコーヒーがあります」という事実を記述する言語行為があります。そこでは言語によって世界の状態を記述しているので世界が私の言語行為を促している。つまりベクトルは「世界→私」の方向を向いていると考えた。しかし、「ここにコーヒーを置いてください」という発話の場合はどうでしょう？　そこでは発話が、相手に何らかの行動を要求しているため、世界の状態を変える力をもっている。すなわち、私が世界に働きかけるため、ベクトルは「私→世界」という逆向きになります。ではすべての言語はどちらかの形態に分類できるかというと、できない。両方の作用を持つものもあるのです。

例えば、「今日の授業を始めましょう」といった「Let's」の呼びかけ文の発話に関しては、この二つ双方の構造が記述されていると考えられるのです。つまり「今日、授業がある」という事実の記述と「授業がこれから始まる」、そのことによって世界を変えられる記述が含まれている。社会学者の大澤真幸さんは、これを捉えて子どもが成長する過程では、親が「～しましょう」という呼びかけを多くしているのではないかと指摘しています。子どもは二つの記述の仕方を同時に学んでいるというのです。このような発達は他の動物には見られないことがわかっています。

では、AならばB、BならばC……という「推論」の行為をとってみたとき、脳の働きはどうでしょうか。通常、推論は一方向の形でしか学習されえないと言われるのですが、これは私たちの実感とは異なっています。例えばAならばBと言われたとき、私たちの脳はBならばAという逆方向の情報をも一緒に学習しているように思われます。りんごと言ってニュートンを思い浮かべると同時に、ニュートンと言えばりんごを思い浮かべるように。しかし、脳のネットワークモデルに「A→B」を学習した情報を入れてみても、「B→A」という情報は出てこない。つまり、これら二つは別の学習をしているのだ、という説明しかできないはずなのです。

しかしもし、ここに〝中立安定〟という概念を導入できれば、AならばBを学習したときに、私たちはBならばAであることも学習することが説明できるのではないか。脳のニューラルネットワークがカオス遍歴のような中立安定を介した状態遷移を示すならば、AならばBを学習すれば同時にBならばAも学習することが可能になる。逆にこのことが、人が論理間違いを犯しやすい理由にもなっているのではないかと思われます。AならばBと同等な命題はBならばAではなく、BでなければAでない、すなわち対偶命題ですから。しかし、しばしば人はAならばBが真である時、BならばAと言ってしまいますね。この神経機構こそが、カオス遍歴が生み出す中立安定にあるかもしれないのです。

フッサールの「宙づり」と「不定にする」

記憶という高度な心の働きのみならず、脳のゆらぎが持つ知性を説明する上で、現象学のフッサール（1859‐1938）による「宙づりにする」という概念が関係するように思われるのです。それは勝手に解釈すると「不定性」と言い換えられるかもしれません。不確定ではなくて「不定」にする、つまり判断をいったん停止させるということです。

これは生命のある種の本質の一つだと思うのですが、生命の始まりにおいては何も決まっていないのです。すべての初期の状態を決めることも環境から与えられる情報も、その本質を形作るいろんなものが決まっていない、しかし決まっていない中からとにかく情報を知覚して判断し、行動決定しなければならない。つまり、私たちは徐々に情報を取り入れながら、脳も心も、生き物としての輪郭を作っていかなければならない宿命にあります。

だから我々を取り巻く環境というのは「不定」だといえる。環境は複雑ですが、その複雑さの根底には不定性があるようです。しかし、「不定」なものをどう扱うのかは難しい。「不定」とは「不確定」や「不確実」ということとは少し異なるようです。「不確定」というと曖昧で決まっていない、だからどれを選んだらいいのか定まっていない状態です。ところが「不定」とは、まったくのニュートラルです。ですから、何かに決定するために何も特別な根拠はありません。その中で、人や動物が何かをしないといけないとしたときに、あえて判断をしないということも可能です。これがペンディングというもので、人間の高度な知性を担保しているとも思うのです。

脳は外界の情報を知覚しています。脳とはどういう装置かというと、現象的には周りの環境（今考えている脳以外の脳を含む外界）の持っている情報構造を取り込んで脳の中に再構築しているのです。言語体系にしても美的感覚にしても、情報構造がすでにあるものとしてポンとコピーされているのではなくて、脳にとっては外界の情報はそもそも、不定な状態として現れます。だからどんな情報を取り込むのか、最初は何も決まっていない。その人の好みも得意不得意もない。英語も日本語も情報としては同じニュートラルなものです。そういうものの中から何か構造を見つけなければならない。その点においてハードウェアがあらかじめできあがっているコンピュータとはだいぶ違うのです。脳の地図は徐々に描かれていくわけですね。だからふと、興味のあるところに視点がいったりする。それは環境で何が起きているのか判断する型をそもそも持っていないために、どんな情報なのか判断する術がないからです。

環境とは一般には情報源でもあるわけですが、まったく情報がないこともあるし、大事な情報がある場合もある。そういう意味で、脳は常に不定な状況に取り囲まれます。そして行動決定するときに、何か情報を取り込もうと決定するときに、私たちは環境に対して働きかけるのですが、相手も不定なので、こちらの判断に基づいた行動というものを環境に投げかける投げかけ方も決まっていないわけです。これは例えば、初対面の人に出会ったときのことなどを思い浮かべてもらえればわかりやすいと思います。何を話しかけたらいいだろう、どんなことが好きだろう、と手探りで会話を始めるでしょう。

脳の環境とのかかわり方

あるいは、決まっているとまずい場合もある。定型行動している分にはいいわけです。環境へのアクションと環境からのリアクションというサイクルが、すでにできあがってしまっている。すでに学習されているからです。自転車でスピードを出しすぎても瞬時にブレーキをかけられたりするのは、すでに学習されているからです。そういうものは脳の中にある。けれどもそうではない未知の場面は必ず出てくるわけで、その時に本当にアクションを出せるかというと、なかなか難しい。わざと判断を一時停止させるようなことをしないと、ワンクッション置かないと、アクション、リアクションがうまく回らないような状況がある。

では、どうやったら円滑に回るのでしょうか。ここで考えてみたいのが次のことです。外から入って来た情報を脳の中心の方にもっていくことをアフェランス、「求心性」といい、逆にその情報を脳の中心から手足の方に出していくことをエフェランス、つまり「遠心性」といいますが、環境に対して行動をとるとは、結局このアフェランスとエフェランスをいかにうまくバランスをとってやるかという問題です。いろんな感覚情報を知覚しようとしたときに、アクション、リアクションをスムーズにやる一つの方法として「エフェランス・コピー」（遠心性の情報に関する指令のコピー）という概念があるのです。

脳にまず、「見た」とか「聞こえた」という感覚情報が入ってきます。それをもとに判断して行動を起こそうとしたときに、自分の手足を動かす指令、ルールが脳の中にできていなければいけません。ところが脳の中にその指令が整っているだけでは、行動を起こすには遅い。そこで、そのコピーをどこに置いておくべきか、という問題が出てくる。むろん大脳の中にしまっておくのも一つの解ですし、小脳に送っておくという解決方法もあります。いちばん素早い反応を行えるのは末端のところまで命令のコピーをおろしておくことで、瞬時に知覚して反応することができるようにする、というものでしょう。電気ウナギなどはまさにそうですね。遠心性のコピーを末端におろしておくと、脳まで情報をあげなくても手足の反応を早く起こすことができる。ピアニストがピアノを速く弾けるのも同じ原理だと思います。ではなぜそれほど速く動かせるのかというと、我々は実は末梢だけですでにいろんなことができるからではないか。だからこれはある種、脳では判断をしないで不定にしてしまっているからではないか。これがフッサールの「宙づり」と関係するのではないかというのが私の解釈です。

つまり、わざと判断しない状態にする。すると、もともと不定だった環境との間でのアクション、リアクションがスムーズに行く、というわけです。もともと環境が不定なので本来はどうやったらいいのかわからないはずだけれども、いったんエフェランス・コピーを末梢に落とす。すると予測もできる。だから、はじめは意識的にやる。ピアノの運指を一生懸命練習するのですが、意識のレベルを末端まで下げてしまったらもう中枢での意識体験は不要になる。逆にそちらでの意識を不要とする（ペンディングにする）ことで、末端に落とすことができると言えるかもしれません。

これは、いわゆる「身体性」と関係があるでしょう。「身体感覚を磨く」という言い方になるかもしれませんが、身体性をどのようにして獲得するかという問題だともいえると思います。「安定性」と「不安定性」の中間の「宙づり」がもっともフレキシブルであり、人間の神経系というのは実際にそのようにできている。先ほどの電気ウナギというのは一つの例ですが、〝ピアノの鍵盤〟と〝指〟との関係を考えると、ピアノの鍵盤というのもある意味で一つの環境なわけですから、その環境にどうやってうまく働きかけられるかが問題になり、ピアノの練習を繰り返すことは、ある意味でエフェランス・コピーをよりうまく作るようにすること、とも言えるわけです。

身体感覚を磨くこと

この話は私の仮説で間違っている可能性はあるのですが、ピアニストの話よりもさらに仮説の域を出ないのは承知の上で、もう一つご紹介したいエピソードがあります。今度はアスリートのお話です。2000年のシドニーオリンピック、陸上の金メダリストで、ジョン・ドラモンドというスタートダッシュの速さで有名な選手がいました。引退後はコーチに転身し、彼に教わった人はみんなスタートダッシュが速いそうで、なるほど彼は早くから得意なものを決めていたのだと思うのですが、2003年のパリの世界選手権で、彼は優勝候補と目されていながらフライングをして失格になってしまったんですね。2003年以前は、フライングを二度すると失格であったのが、2003年以降、そのレースで二度目にフライングした者が失格になるというようにルールが変更されました。ピストルの音が鳴ってから100ミリ秒（0・1秒）以内でスタートしてしまうと失格です。そして、これについて私は思うことがあるのです。

この100ミリ秒という基準は、おそらく当時の脳科学の研究結果から割り出した時間だと思います。スタート地点とピストルの位置は、およそ10メートル離れていて、だいたい1秒あたり330メートルの速度で音が伝わることからすると、ピストルの音は30ミリ秒で選手のもとに届きます。さらにそこから脳に入って手足にその情報が伝わるのに、合計で100ミリ秒はかかるだろうという計算だと思うのです。つまり、音が鳴ってから100ミリ秒経つよりも前にスタートしたら、それはスタート音を聞くよりも前に動いているからフライングだ、と判断するのでしょう。

ところが、そのときドラモンドは「絶対に自分は正しくスタートしている」と言い張って、トラックの上に大の字に寝てしまったんですね。係員が彼を連れ出そうとするのですが、20分くらいそのままの状態で動かない。そして他の選手たちも競技ができなくなって、結局、彼は陸上界からの引退を余儀なくされました。彼はそれからコーチをするようになるのですが、私は、このドラモンドの失格の判定は間違っていたのではないかと思ってきたのです。

その後、スターティング・ブロックにかかった圧力の解析結果からは、ドラモンドは0・052秒で反応したことになって失格になったことがわかりましたが、それはピストルが鳴る前から、彼の足が完全には静止していなかったため検知器が敏感に反応してしまった結果のようです。しかしこの時、彼の足は次に説明するような理由で〝反応〟したのではないか。同じく失格になったアサファ・パウエルは0・086秒でスタートしてフライングで失格。これも次の理由によって足が〝反応〟したのではないか。100ミリ秒をコントロールできないというのなら、まずスタートダッシュのトレーニングなんてする意味がないのではないか、と。

彼らをかばうための、というよりも、100ミリ秒の科学的根拠のなさについていろいろ考えたのですけれども、例えばこういう説明が可能ではないかと思っています。ピストルで合図の音が鳴ったら、普通はその音波が耳にくると同時に、足にもくるでしょう。仮に足にも体を通る弾性波に反応するように脊髄反射をうまく訓練してエフェランス・コピーができるようなトレーニングをしていれば、最速で30ミリ秒でスタートしていたっておかしくないと思うんですね。ところがこれは実証できない。実証できれば彼らを救ってあげられたのですが。ただ私は末梢にエフェランス・コピーができないわけはないと思う。むしろそうできるようにすることがトレーニングであって、それが大脳にあるままだったら、いつも指令を出していなければならない。それではオリンピックでは勝てないでしょう。優れたアスリートというのは瞬時に反応しなければいけない。野球の選手だって、打球の音を聞けばだいたいどの方向に何メートル飛ぶかわかるといいます。だから、打者が打った音を聞いた瞬間に打球を見ずに走っている……それがトレーニングなのです。

私は長年趣味でクロスカントリースキーをやっていて、すると足裏の感覚というものはものすごく鋭敏なのですね。そして競技の最中はそれをいったん忘れなければいけない。忘れるとうまくピタッとはまって、急カーブもタタン、と神がかった感じで動けたりするわけです。うまく足の裏に神経を集中させるというか、集中させるけれども集中させないようにする。するととても気持ちよく「あそこに意識が流れていった」という感覚があります。一流選手であればなおさら、そういった身体感覚があるでしょう。このような身体感覚を磨くのがまさにトレーニングです。だから100ミリ秒くらいなら、トレーニングの必要はないのではないでしょうか。

つまり私たちは、大脳で大事な情報処理をするのですが、いったん学習したら、それを大脳には置いておかないで、もっと素早く反応できるように、大脳の処理を宙づりにして下へ下へとおろしていく、つまり身体化する。

このように言わば心を宙づりにすることが、何もかも厳格に決めず直観力を働かせることのできる人間の知性なのではないか、と思われるのです。

第五章

心は数式で書けるのか

思考・推論とは具体的なものである

人は常に何かを考えています。考えるという行為は脳の中で起こっており、心の一つの表れです。しかし、そこにはさほど普遍性はありません。心は各個人の脳を通って現れるとき、その脳の個性によって変形されて現れてきますから、かなりの部分が個別具体的なのです。つまり先ほども触れたように、思考・推論は誰もが抽象的なものだというのだが、実はきわめて個別具体的なのだ、ということなのです。むしろ抽象性が高いのは、具体的だと思われている感性の方なのですね。感性とは国や人種や言葉が違っても通じ合う、開かれた共有可能なものである。一方で思考や推論は人によって異なる心の動きで具体的なものである。だから感性はどちらかというと抽象的で、思考や推論の方が具体的です。

では具体的なものを感性に沿っていかに抽象化していくか、それがロジックです。ロジックは人の推論、心の動きを外在化させたものです。そして、ロジックを数学に組み入れる数理論理学の道が、19世紀に入って切り拓かれていきます。「論理」というと、それは透徹した隙のない構造によって成り立つもの、建築物を堅固に作り上げるかのごとく初めから完成形を目指して作られたもののように思われるかもしれません。しかしむしろ、数理論理学もまた、思考とは何かを考える過程で産み落とされた、いわば副産物なのです。数学者たちは心の実現を第一に考えていた。心を具体化させることが論理という形で数学に現れた。

その動きを大きく推進したのがジョージ・ブール（1815‐1864）というイギリスの数学者です。ブールは1854年、〝An Investigation of the Laws of Thought on Which are Founded the Mathematical Theories of Logic and Probabilities〟（いわゆる『思考の法則』）という本を出版しました。この人はやはり、「思考とは何か」を深く考えたのだと思うのです。ブールはのちにできるコンピュータを理論的に支えるブール代数を提唱した人で、彼が現れるまでは哲学の一種だと考えられていた論理や推論を、ブールは数学に置き換えられないかと考えました。0と1のみを使って演算を行い、その組み合わせだけで論理が組み立てられることを示そうとした。代数的に論理そのものを数学の体系に組み込んだのです。

彼はユニテリアンというキリスト教の一派で、三位一体説を否定するマイナーな宗派を信仰していました。ユニ（唯一）というとおり、神の唯一性を強調して、この世界は「神」と「それ以外」から成る、と捉えた。そして、神は全体であるから1、それ以外は空と考えて0で表現する形式ができないかと考えたのです。

例えばブールは、そのことを表現するために、「『白い白い』は『白い』と等価か」という命題を考えた。「白い」と言ったときの白さと、「白い、白い」と2回言ったときの白さ加減、つまり〝whiteness〟(ホワイトネス)は同じだろうか、いや、違うのではないかと考えます。これは感性の問題ですね。そして、この命題を数学的に発展させます。まずここで、〝白い〟をxで置き換える、すると〝白い白い〟はxxになるので、「〝白い白い〟＝〝白い〟か」というブールの問いは、「$xx=x$か」という命題になりますね。ここで「掛け算」を導入し、＝を等号とみなして代数的に扱うと、$x^2=x$という方程式を得ます。そしてその方程式を解くと、解は0か1になります。ここで白さ＝1とは「まったく白い」ということで、唯一神を信じるブールからしてみれば、正しいのは神ということになる。主張が裏付けられることになる。つまり、自分の宗教の考え方を数学に応用したのです。感性を基盤にしてロジックを組み立てる、すると思考というものも、より具体から抽象へと発展させることができるとブールは考えたのでしょう。

さらに目を見張るべきは、ブールがそこから数学をすべて作り替えていこうとしたことです。最終的には確率論へとその駒を進めるのですが、微分や積分を扱う解析学もすべて0か1だけでできないだろうかと考えた。0と1という離散的な数から連続性をもつ実数を作ることは実際できるのですから、当然の試みではあるのですが、当時としては画期的だったと思われます。実際しばらくは誰からも相手にされなかったようですから。

この痕跡は、現代においては数学者のカッツの思考に現れています。ブールが扱ったのは命題の真偽の確からしさです。それをユニテリアンであることに根差した信念に基づいて0と1だけで表すことで、実質的に真か偽かを確定するように人は推論すると考えたのでした。そして、これを抽象化し精密にすることで数学を再構成していきました。

このように、数学の基礎にはある種の論理があるということが認識されていくのですが、このことを真正面から取り上げたのが、１９１０年から13年にかけて出版されたラッセルとホワイトヘッドの『プリンキピア・マテマティカ（数学原理）』です。これは、記号論理学によって「公理」と呼ばれる記号列に「推論規則」と呼ばれる規則を適用して数学の命題を導くというもので、数学の基礎として記号論理学があることを示そうとしたものでした。つまり、論理こそが確実なもので、数学を原理的には形式論理で再構成できると考えた。数学の体系は不完全であることを示した「ゲーデルの不完全性定理」をのちに導くことになる、壮大な思考実験といってよいものです（本の名前は、ニュートンの〝Philosophiae Naturalis Principia Mathematica〟に倣(なら)っています）。

ホワイトヘッドは哲学者としてもよく知られ、『過程と実在』などを出版していますが、弟子のラッセルはさらに多彩な人です。若い頃は数学をやり、中年になって哲学をやり、老人になったら政治をやるのが正しい脳の使い方だと公言し、それを実行した。晩年はラッセル・アインシュタイン宣言のような核廃絶運動を主導し、政治でも存在感を発揮しました。ラッセルやホワイトヘッドもまた、間接的ではありますが、思考と数学の密接な関係を考えた人たちだったのです。

このようにブールのみならず、この時代の人は「思考とは何か」を考えました。チューリングもやはりそうだった。しかし思考一般を議論するのは難しいので、思考のうち、いちばん簡単な計算というものを扱ったのです。我々が紙と鉛筆を使って計算しているときに何が行われているのか、そのメカニズムを実際の計算プロセスを書くことで分析し、本質を捉えようとしました。例えば「18+93」という足し算を計算するとき、いったい何が行われているのか？ 私たちがこれを普通どう計算するかといえば、まず8と3を足して11を求め、一時的に紙に書きだします。あるいは、10のほうを記憶して頭の片隅に置いて（「記憶装置」）この「1」を書き下す。次に十の桁の1と9を足したら100ですね。だけど先に覚えさせていた10をもってきて足して110になるので、結果は111となります。

すると計算とは、「記憶する場所」と「書く場所」と「書くもの」、つまり記憶装置と演算装置と場所（テープ）があれば可能であることになる。そこで、チューリングはこれをひとつの思考のモデルとして考えた。つまりチューリングマシンを作りながら、チューリングは思考とは何かを考え、そのなかで思考を計算に特化させた。だから、思考とは抽象的ではなくて具体的なのです。彼はまさに具体的な計算プロセスを考えることで思考とは何かをつきつめ、計算プロセスを形式化していけば抽象化できると考えました。それがすべてプログラムで書けるとなれば、それはもはや人の思考だとは言えないかもしれない。でもコンピュータのもとでの計算であることには違いないのだから、思考のひとつの現れだとは言えるのではないかと考えた。

そもそもチューリングは同性愛者でした。イギリスのマンチェスター大学近くの公園にはチューリングの銅像がありますが、そこには「計算機科学の父、数学者、論理学者、大戦時の暗号解読者、偏見の犠牲者」などと刻まれています。この公園のすぐわきの道路は、全英からゲイの人たちが年に1回集まってお祭りが繰り広げられるという場所なのです。

チューリングの業績は大きく三つあります。一つは計算機のおおもとを作ったということ。もう一つは反応拡散系といって、パターン形成についてのメカニズムを解明したこと。つまり、溶媒があったときに、まったく一様な状態から拡散だけでマクロなパターンができる。通常は拡散というのは物事をならしてしまう働きがあるんですね。煙草の煙なんかもそうです。この拡散が化学反応と作用すると逆に複雑なパターンができる。その最初のモデルを作ったわけです。これは生物の形態形成、例えばシマウマの縞模様がどうやって形作られるのかといった説明にも応用されることになりました。

もう一つはチューリングテストです。これはどの教科書を見ても、機械が人間のように考えることができるのか、要するに機械がどれだけ人間の知能に近いかを測定するために作られたテスト、と書かれています。被験者に、人あるいは計算機とタイプライターで通信をさせて、相手が機械なのか人間なのかを判断させるというゲームです。もし被験者が、相手が人間か機械かを当てられなければ、それは人であれ機械であれ知能をもった存在であると考えるべきだ、というのです。

ところが、チューリングの最初の論文「Computing Machinery and Intelligence」を読むと、これは「機械と人間のテスト」ではなく、「男と女のテスト」だったことがわかります。〝imitation game〟（イミテーション・ゲーム）と呼ばれたこのゲームは、「3人の人物によってプレイされる。男（A）と女（B）と質問者（性別は問わない）」と書かれているのです。つまり、このゲームはどちらが男でどちらが女かをテストするものだった。この論文を読んだときに、なるほど性に関する同一性をどこで我々は納得し、保証するのか、それを果たしてテストできますか、ということをチューリングは問うていたのだと分かる。見た目で男か女かは区別できるとしても、このテストをすればどちらが男か女かを本質的には区別することはできないことが分かるだろう。それならば日常においても同性愛を差別することはあってはならない。そういうことを言いたかったのではないか、と思ったわけです。

当時、イギリスでは同性愛が法律で禁止されていて、チューリング自身も迫害を受けていました。チューリングは悩んでいる自らの精神性を、すべて数学にしていった。ところがいつのまにか「男と女をテストする」はずだったチューリングテストの話は変節して、「人と機械」の話に置き換わってしまったのですね。むろんチューリングも論文の後半では人と機械のイミテーション・ゲームという形に問題を抽象化していますが。

しかし、性別の区別にまつわる悩みを研究にしたというのも、人の感性です。その精神的な働きは時代を経ても通じることができる。だからきわめて抽象的なものを具体的な問題にしながら、さらにいかに抽象性を高めるか、という数学の本質的なところが重要なのです。そして、チューリングテストのこの話は、数学にマインド（心）があらわれている良い例だと思います。

心は数式で書けるのか

ではマインド、つまり心は数式で書けるのか、を問わなければいけないかもしれません。脳は物質から成り立っていますから、脳の働きとは物質で説明ができるわけで、そうなると、その活動は何らかの方程式で書くことができます。これが脳の方程式だというふうに一部を数式で書き表すことはできるでしょう。

ただ問題は、心を数式で書けるかということです。脳＝心であれば、脳活動の方程式がすなわち心の方程式になるわけですが、この等式が成り立つかどうかがまさに古代から議論され、いまだに決着がついていない心・脳問題なのですから、私たちは心は方程式で書けるのかを問わなければなりません。神経細胞の働きは解明されてきているので、それを数式で表すことで心を表現するといった試みは行われています。例えばある高名な実験脳神経学者は意識を数式で書くことができるといって、実際にその式を示しています。しかし、その式によって本当に意識の働きを書けているかというと、きわめて疑問です。その内実はただの記号の羅列にも等しく、ほとんど「寿限無寿限無」と言っているのと変わらない印象なのです。何も彼にかぎらず、「これが意識を表す式なのだ」と提言する人は時々現れるのですね。むろん、チャレンジこそが科学研究なのですが。

しかし、それを言うならば私も「意識の式」を論文に書いたことがあります。その式は簡単で、「A－B」(AマイナスB)というきわめてシンプルなものでした。脳の中での心的表現を実現する興奮性細胞の活動状態がAで、それを抑制する細胞Bが働いて、Aが抑制される。このような形で脳の働きが整形される、ということを示したものです。興奮性細胞で多様な心的状態が作られますが、そこには余分なものもたくさん含まれているので、抑制性の細胞によって、そういったものを取り除いていく過程が存在するのです。つまり、この「－B」に意識の問題を表現しようとしているのです。整形されてしまった「A－B」の結果は、意識ではなく「意識の結果実現された脳の機能」です。むしろ引き算によって脳の機能を表現できたときに、引かれた「B」こそが「意識」だといえる。だから、「これが意識の方程式だ」というものができるとしたら、それはせいぜい「マイナスB」という表現でしか示せないだろうと思うのです。

しかしというか、それゆえにというか、「これが意識の式だ」というものを書いた途端に、それは嘘だと感じられてしまう。ちょうど、「マイナスB」それ自体は式としては意味がなく、「A－B」になって初めて、「マイナスB」の意味が式で表現されるように、書いた瞬間に書きたかったものが失われるのです。

科学者、とりわけ物理学者には、あらゆる現象は数式で書くことができるという幻想があって、できるだけ簡単に式で書きたいわけですね。というのもアインシュタインのエネルギー等価則 $E=mc^2$ はものすごく簡単な式である、にもかかわらず原爆の可能性を予想できてしまうという魔力があるからです。また、アインシュタインの重力方程式も、ここでは難しくなるので書けませんが、シンプルで美しいものです。重力に関する法則を通して宇宙の成り立ちの基本を本当に簡単な方程式で書けてしまう。このことに我々科学者は幻想があって、それならば意識の方程式も簡単であるべきだと考えるわけですね。これは科学者以外の人からしてみたら、とんでもないことのように思われるかもしれませんが、「A－B」という式が正しいかどうかの判断は別として、意識などは式では書けないと最初から言ってしまうのも問題なのです。

ただ、繰り返しになりますが、意識が「－B」という形で書けるかもしれないというとき、難しいのは、意識はさっぴいたもの「B」の中にしかなくて、表現された「A－B」の中にはないということです。しかし「B」という引かれる存在がなければ、決して脳の機能は表現されない。そういう類のものが意識でしょう。だから「これ」という形では、「X」という形では取り出すことができない。さらに言えば、集合的なマインドというものは、結局のところ他者からきている。マインドが自己だというのはひとつの幻想です。心は一個一個の脳という器官を通って出てくるものであって、自分の身体を通ってくるために、「私の心だ」という幻想が生じるわけだけれども、もともと意識とは外から、他者からきているのだとすると、それは閉じた形では書けないだろうとも思います。そしてどちらにしろ、意識を式で「書けた！」というのは、私はインチキだと思うのです。

しかし、科学とは現象を式で書こうとしなければならない。実際に書けるかどうかはまた別の話です。「書けない」ことだけをいっても仕方がないので、「書こうとして書けない」ことを証明しなければならない。だから不可能問題なのです。では、不可能であることをどうやって証明するのか。超越的なものにどうアプローチするのか。ひとつの方法は「ゲーデル」のところですでに述べたように、写像を使うことですが、実は超越的なものへのアプローチにはもう一つ方法があります。意識へのもう一つの接近といってもいいでしょう。それは、すでに少し触れたように作っていくプロセスを理解するというものです。プロセスを理解することで、その対象を理解することにする。数学者たちが長らく取り組んできた〝無限〟においてそれがどのように行われてきたのか、見ていきたいと思います。

数学における〝無限〟との戦い

無限とはどういうものか。無限と一口にいっても無限の大きさには階層、クラスがあるのではないか。数えられる無限と数えられない無限、大きい無限と小さい無限があるのではないか。さらに無限は一つではなく、無限にあるのではないか——。

数そのものではなく集合を考えることで無限の実体を捉えることを可能にした数学は、「集合論」と呼ばれています。数学の「あらゆる構造をひとまず解体してそれをバラバラの原子にしてしまう」（遠山啓『現代数学入門』）ことで、学問の新たな地平を拓いたのが集合論ですが、それは無限について考える数学の一ジャンルといってもいいものです。古代ギリシャ人や古代インド人が無限という概念を発見してからというもの、長らく神の領域にあった無限が数学の概念として組み入れられるまでの数学者たちの苦闘の歴史はつとに知られていて、例えば志賀浩二『無限からの光芒』には、ポーランド学派の数学者たちが、いかに〝無限〟という概念と格闘したか、無限の本質に数学的に迫りながら描かれています。その中には次のような一節があります。

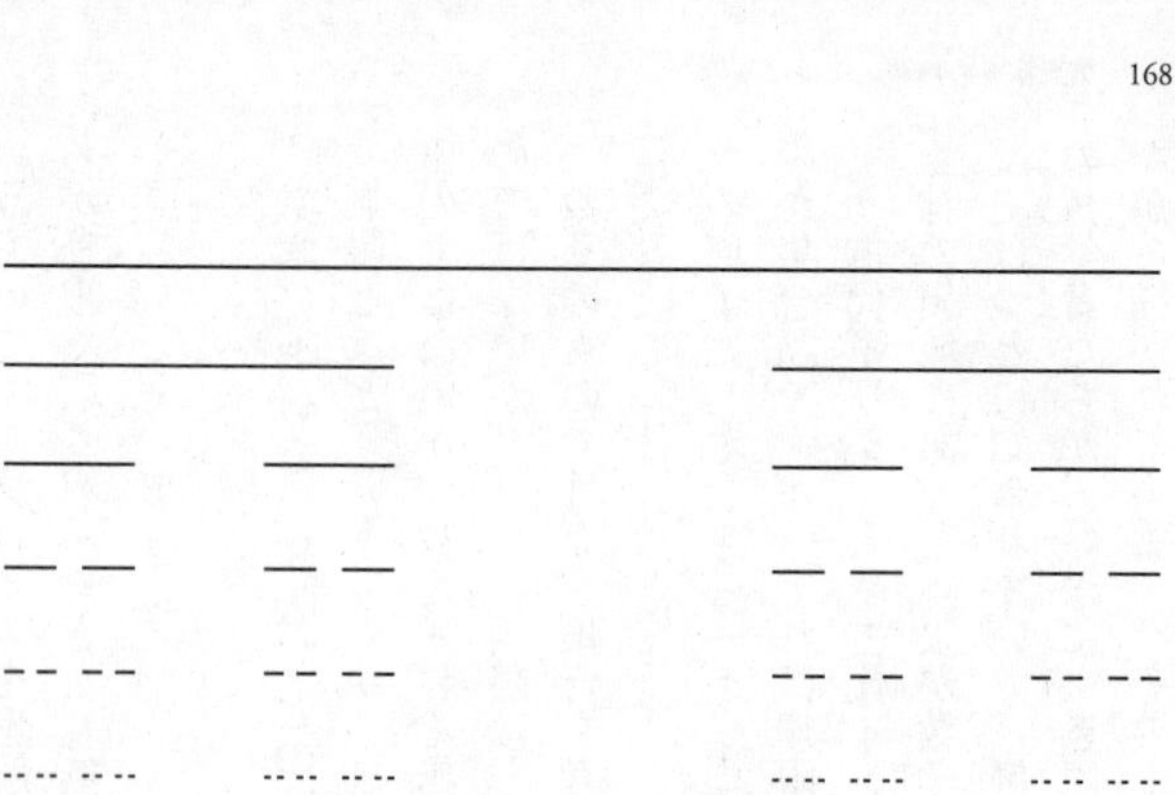

カントル集合

「〝無限〟への驚きは、数学を学びはじめると、まもなく消えてしまうのである。ひとりひとりの〝無限〟に対する異様な驚きがいつまでも持続されていては、数学の方が破綻するかもしれない、それより数学の体系の中に無限をしっかりと組みこみ、この驚きを沈静化させる方が賢明なことであるに違いない。むろん、この考えは、数学のように普遍的な性格をもった学問にとって、ごく自然な考えであり、とり立てていうほどのことでもないのだろう。しかし、カントルがそうであったように、もし一人の数学者が、〝無限〟に対する驚きと畏怖の感じを、一生いきいきと持ち続けたならばどういうことになるか。シェルピンスキの辿った道はこの道であった」

これは〝無限〟という問題が常に立ちは

だかるカオス現象、さらにカオスによって説明可能な記憶とも通ずるところが大きいものです。〝無限〟は絶えず科学者たちを悩ませてきました。では、数学者たちは無限にどのように挑んだのか。まずは、無限を実在の数として扱うことを可能にし、「集合は底なしの深淵だ」と言ったカントル（1845‐1918）が無限の問題にいかに斬りこんでいったのか、「カントル集合」の「作り方」を見てみましょう。

カントル集合は数の集合（集まり）で、ある手続きを無限回繰り返すことで得られるものです。一例を挙げましょう。実数の全体は一本の直線で表されますが、いま、この連続体の一部、0から1までの実数の全体を取り出すとします。すると、この数直線の部分集合は長さ1の線分で表されますね。この区間をいま、三等分して真ん中の集合を端を含めないで抜いてみましょう。すると、両脇に二つの区間（閉区間）が残ります。次にそれぞれの区間の真ん中の3分の1を再び同様にして取り除きます。このように、同じ操作を繰り返していきます。すると最後はどうなるでしょうか。1回目のステップ、2回目のステップ、3回目のステップ……と無限に続けていったとき、最後まで除かれずに残った全体がつくる集合をカントルの三進集合といいます。

このとき、もしn回目のステップにおいて、まだnが有限であるならば、線分が残ります。一方でnを無限大にもっていくと、この線分の長さはどんどんゼロに近づいて点集合、つまり点の集まりになります。すると、実数の個数（これを濃度と表現します）は、もとの0から1の区間を構成していた実数の濃度と比べて減少しているように感じられますよね。0から1の間の実数といえば、0・1も0・01も0・001……も無限にある。でも、線分がゼロに近づいていけば実数の個数はそれよりも減っているはずだと感じられるでしょう。しかし、実際はもとのそれとまったく同じです。区間を取り除くという操作を無限回繰り返したにもかかわらず、実数の濃度は同じなのです。

これはいったいどういうことなのか。この実体そのものを理解することはできません。このように、最終的に出てきた結果を理解できないときに、その意味をどう理解するのかといえば、それは、「作り方」を理解するという方法をとることです。対象があまりに無限の深みにはまっていくので、対象は理解できない。そこで、その対象を作り出すプロセス、操作を理解することで無限を理解することにしましょう、と考えるのです。

物差しの次元を考える

我々はふつう何かの長さを測るとき、物差しで測ります。それは通常、1次元の物差しで1次元の線分を測ることを意味します。15センチメートルの物差しであれば、5センチ、15センチ……と有限の距離を測ることができます。では、点という0次元の物差しがあったとして、例えばこれで1センチメートルの線分を測るとするとどうなるでしょう。線分は無限の点からなっていると考えられるので、出てくる値は無限大になります。このように、〝物差しの次元〟というものを考えてみることにしましょう。

物差しが0次元のときは点で測ることを意味し、この物差しで0から1までの線分の区間を測ったとすると、非可算無限、つまり数えることのできない無限になります。では2次元の物差しでこの線分を測るとどうなるでしょうか。2次元の物差し（例えば長方形）は面積を持っています。つまり面積で線を測ることになりますが、面積に比して線分は、ないに等しいので、大きさはゼロです。どちらも困りますね、大きさが無限もゼロも測ったことになりません。意味のある測り方というのは、測りたい対象を有限の大きさとして捉えるような測り方です。では1次元の物差しで測ってみたらどうなるでしょうか。これは線分で線分を測ってみるということです。すると何か有限の値が出てきます。つまり、この1センチの区間を測るにふさわしい物差しの次元は1次元ということになります。測るという行為には、有限の値を出したいという人間の欲求や心のうねりがあるわけです。そこで、物差しの次元を考えることになるのです。

問題はカントル集合のような〝超越的〟集合を、どのように測ったらよいのか、です。物差しの次元を、まず0次元としましょう。この物差しは点なので、点で無限個の点からなるカントル集合を測ると無限大になってしまいますね。そこで次は、1次元で測ってみます。これは線分ですね。しかし、カントル集合は点集合なので、線で点を測ったらゼロになってしまいます。ということは、0次元と1次元の物差しの間に、カントル集合の大きさを有限として測れるような a 次元の物差しがなければならない、いや、あってほしいわけです。そしてこの数字を出すと、実は0・63という数値が出てきます。0・63次元という、普通は考えない非整数の次元が出てくるわけです（これはフラクタル集合の特徴です）。

つまり、カントルの三進集合の大きさを有限として測れる物差しの次元が0・63になるので、この物差しの次元でもとのカントル集合の次元として理解しようというわけです。

「あるんだけれどもない」ということ

シェルピンスキーが生涯〝無限〟と付き合い続けたことの象徴である「シェルピンスキーのギャスケット」というフラクタル図形があります。ベノワ・マンデルブローによってフラクタルと命名された幾何学概念は、どの大きさのスケールで見ても同じ形であるように見える奇妙な幾何学図形を説明するために作られたものです。〝シェルピンスキーのギャスケット〟（シェルピンスキーの三角形）も、このフラクタル図形の一種ですが、先ほどのカントル集合を作っていくときの操作手順にも似ていて、次のような操作を繰り返すことで作られます。

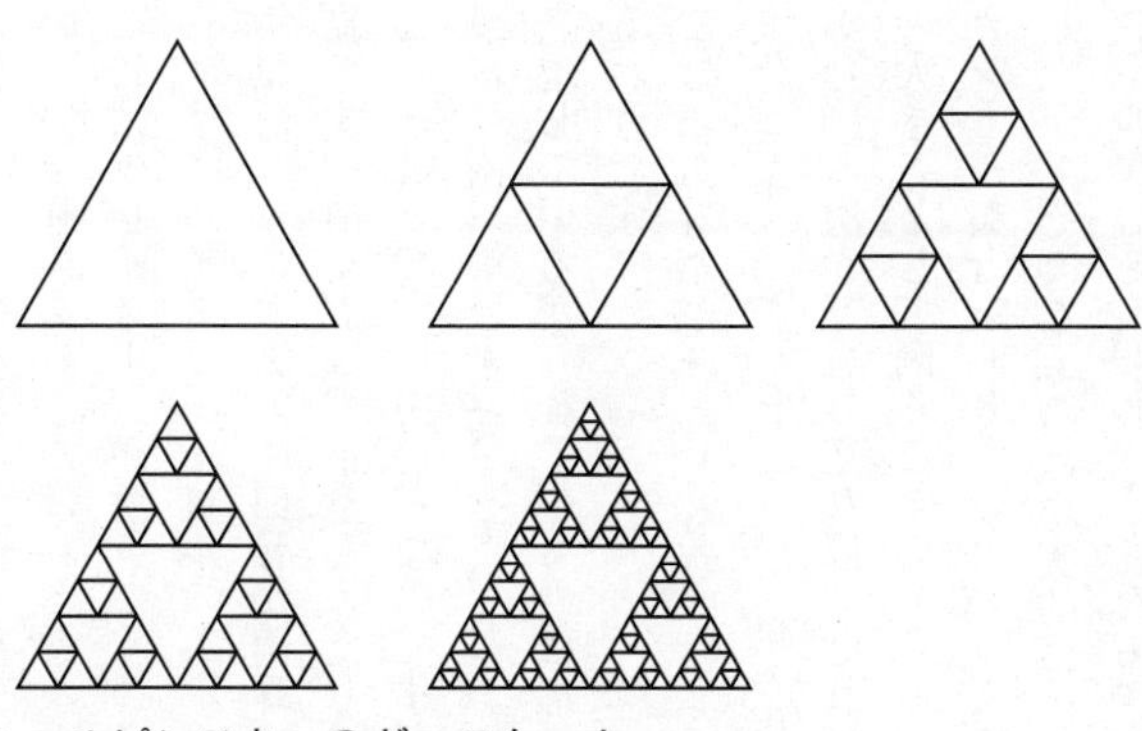

シェルピンスキーのギャスケット

1. 正三角形を描く
2. 正三角形の各辺の中点を結んだ三角形を描く（すると、最初の正三角形の半分の長さをもつ正三角形が４つ生まれる）
3. 中央の三角形以外の三角形の中に同様の方法で三角形を描く（全体から中央の三角形を除く）
4. 各小三角形に対して3を繰り返す

この手順を無限回行ったときの極限が〝シェルピンスキーのギャスケット〟です。以上の操作を繰り返していくと、三角形のサイズはどんどん小さくなっていきながら、しかし残っている。そして、この手順の回数が無限になったとき、除かれずに残った領域の面積はゼロになってしまいます。残るのはごくごく微小な三角形なので、確かに三角形だけれども、もはや面積は残っていない、つまり「あるんだけれどもない」という状態になります。

これは少しイメージが湧きにくいかもしれないので、一つ似たエピソードをご紹介しましょう。ルイス・キャロルの『不思議の国のアリス』にチェシャ猫という猫がでてきますね。ニヤニヤ笑いの口元が両耳まで広がっていて、空中に突然現れたり消えたりする猫です。消え方は、不意だったりゆっくりだったり、また現れるときも顔だけだったりと、どこまでも自由自在なのですが、その猫が木の上にいて、消えるんですね。消えて最後に歯（笑いを表現している）だけが残るのです。この残る歯は確かに猫（の笑い）を表現しているが、猫そのものは消えてしまう。それに近いものが、集合論にも現れているわけです。

この「あるんだけれどもない」というゼロ集合を特徴づけるために作られたのが、〝次元〟です。集合としてはゼロの集まりだけれども要素の数は無限にある。そういった集合に〝次元〟を与えれば、それは見ることのできるものとなる。つまり、集合を有限の大きさとして測ることのできる次元が与えられるのです。

カントル集合を測りたいというときに、次元が0と1の間の物差しで測れると説明しましたが、そんなものは現実的にはありません。もし0・63次元の物差しがあれば、カントル集合を有限の大きさをもったもののように測れますが、これは我々の実体験にはない。ただ心の中にはあっていいわけです。0・63次元の物差しで測ったらカントル集合を見ることができる。普通の我々の物差しでは見えないけれども、そういう世界があれば見ることができる。だから、『不思議の国のアリス』でチェシャ猫は消えたのに、アリスには歯（笑い）が見えたわけですね。それは「見えた」、つまり笑い声が「聞こえた」わけです。「聞こえた」ということは「見えた」ということです。

アリスのように見ることができれば、我々はカントル集合をもっと身近なものとして感じることができる。それが集合論です。おそらく心の世界にはそれがある。ただ、現実の物差しでは測れません。0・63次元を持っている人にはわかる、持っていない人にはわからない。「数学は心の世界だ」ということの意味は、まさに数学的な方法を使うことで、その心の世界を知ることができるということです。どんな人にも0・63次元を見る心の眼は備わっています。

カントル集合もシェルピンスキーのギャスケットも無限まで行きましたが、あくまで有限の領域にとどまっていながら、フラクタル図形を見ることができる現象として、海岸線を挙げることができます。まさにフラクタル概念の提唱者であるマンデルブローの本に「イギリスの海岸線の長さはどれくらいか」という問いがありました。ギザギザしたイギリスの海岸線の長さを測るとき、その値が選んだ長さの尺度次第であることは少し考えるとわかるのではないでしょうか。もし1キロメートルの尺度の物差しをもってきたら、本来の距離よりも短く出てきますね。大雑把な距離は把握できるかもしれないけれども、ガタガタした海岸線の長さを正確には測れません。次に10メートルの物差しになったら、さっきよりも入り江や湾の凹凸分まで正確に測ることができます。さらに1メートルの物差しになったら、斜面の凹凸も含めてもっと正確に測ることができるでしょう。このように、長さの尺度を小さくしていくほどに、より海岸線の長さを正確に測ることができるわけですが、ゼロ尺にまで縮めたならば、海岸線の長さは無限になってしまう。実際にはどこまで行っても測りきれない。有限の領域に海岸線はおさまっているはずなのに、海岸は無限の長さをもっているのです。

シェルピンスキーのギャスケットにしてもカントル集合にしても、あるいは海岸線や雲にしてみても、フラクタルとは簡単な数学の法則を何度も適用することで表現することができるものです。実はカオス軌道の集合には局所的に自己相似構造があり、尺度を変えてみると元と同じ構造が見えてきます。つまりカオスにはフラクタル構造が内包されているのです。実際、カオス軌道の集合の次元は非整数次元をもっています。

作るプロセスを理解する

このようにして、無限そのものは捉えがたくとも、それを作るプロセスを理解することで無限に思いをはせる、ということを数学者たちはやってきました。無限を考えることは人間の想像力そのものであることにも第一章で触れましたが、数学者たちの試みはそれに限りなく近づこうとする挑戦であったといえるかもしれません。さらに、この〝無限との闘い〟は、脳におけるカオスの働きを考える上で大いに示唆を与えてくれるものでもあります。数を作ることが、どのように脳のカオスを考えることとつながるのか、先の「シェルピンスキーのギャスケット」の作り方を数学的に捉えてみることで一端を示してみましょう。

正三角形がひとつあるというのが最初の前提でした。さらに、三角形の各辺の中点を結んだ三角形を描く。そして中央の三角形以外の三角形の中に縮小した三角形を描く。これを繰り返していく。この作業を数学的に描き直すと「縮小写像」の組みの適用という言葉によって説明できます。ここでの「写像」とは、もとの三角形からより小さな三角形を平行移動と回転を与えて作ることをいいます。

まず、三角形を縮小して左下にもってくるわけですね。この三角形をS_1とします。次に全体を縮小して右下にもってきます。この三角形をS_2とします。そしてもう一つ、全体を縮小して上にもってくる。この三角形をS_3とします。縮小率は同じと仮定していきます。そして、それぞれの写像をf_1、f_2、f_3とします。これを繰り返して、f_1を使ったりf_2を使ったりf_3を使ったりという操作を続けていきます。S_1に対してもf_1を使い、f_2を使い、f_3を使う……という操作を続けて、これをS_2にもS_3にも適用していきます。これ

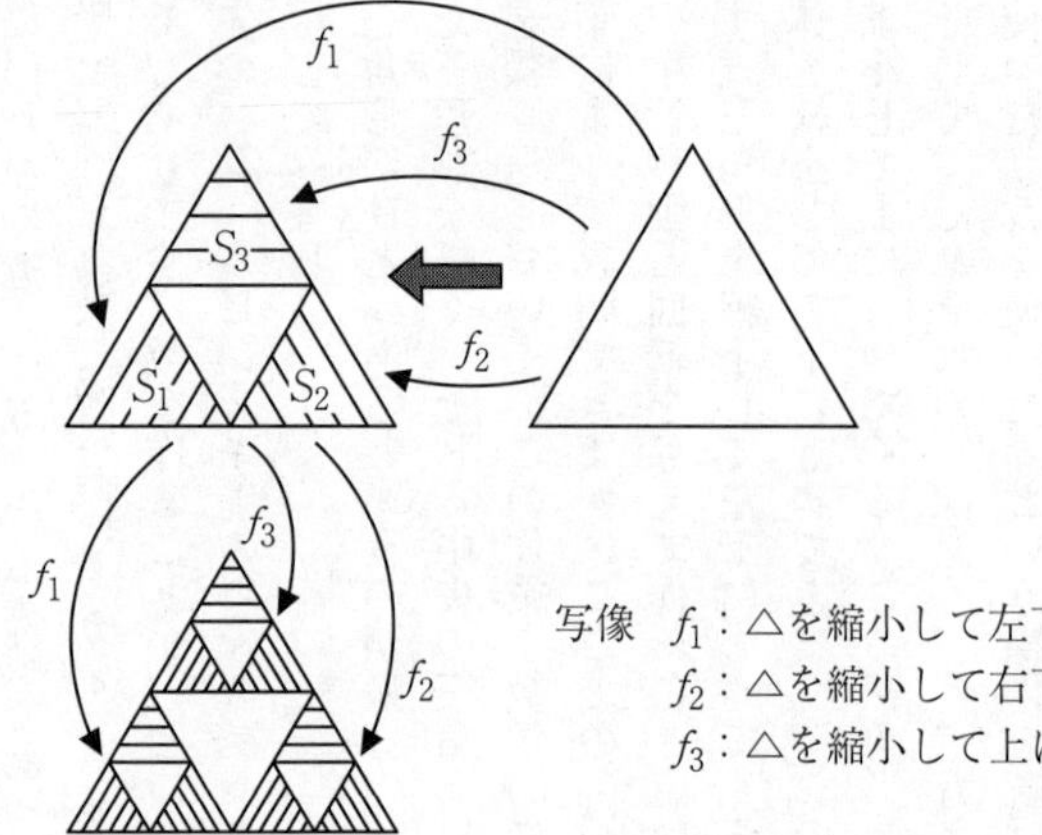

シェルピンスキーのギャスケットと写像

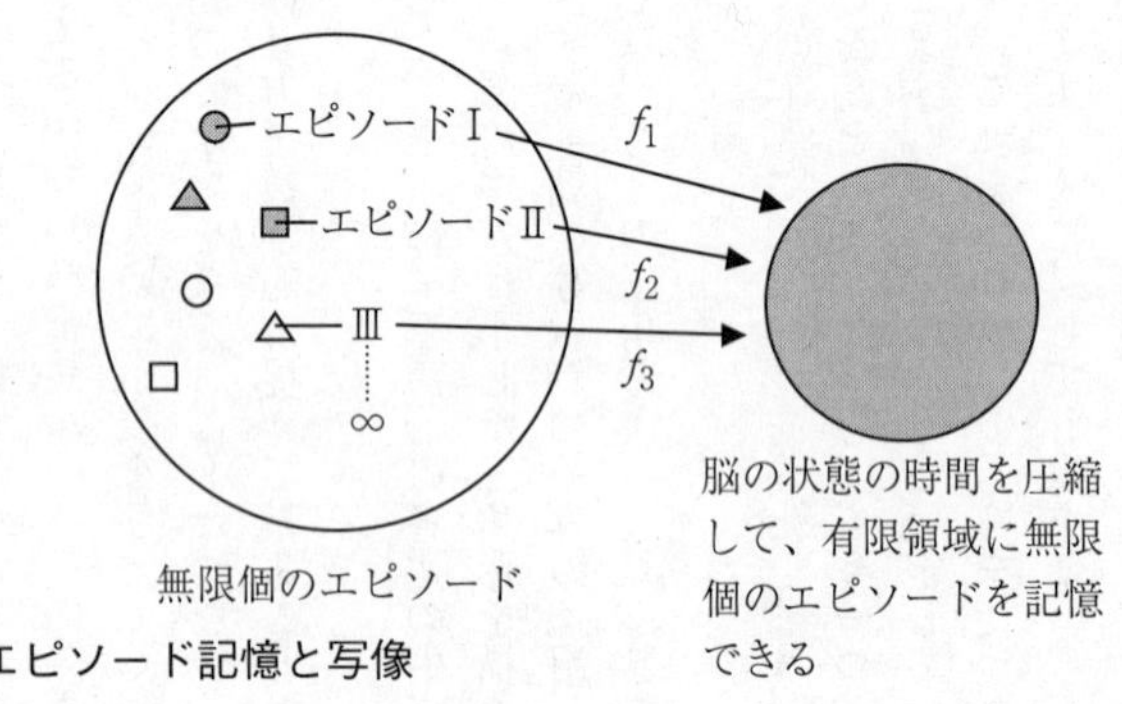

エピソード記憶と写像

を無限回続けていくと、シェルピンスキーのギャスケットになる。そして、こういう縮小写像のルールが実は脳の海馬の中にもあるのではないかと考えてエピソード記憶の脳内表現の研究を私たちはしてきたのです。

脳がエピソードを記憶するときにも、この縮小写像が使われているのではないか。つまり、無限個のエピソード記憶がありうるわけですが、それを有限の領域に記憶させることが、カントル集合を介在させることで可能になるのではないかと考えているのです。そして、このことは実際ラットの海馬のスライス実験（脳から海馬を取り出し、さらにそれを多くの切片にスライスして各切片を構成するニューロンのネットワークの働きを調べる）では検証されました。これについてはまた章を改めて説明していくことにしましょう。

第六章　記憶と時間と推論

クロノスの時間とカイロスの時間

私が研究者としてずっと興味を持ち続けてきた問題は、「時間」というテーマです。数学の問題としては、振り子の運動を表すような時間だけが独立変数に入った常微分方程式と、煙草の煙の広がりを表すような時間と空間がともに独立変数として入った偏微分方程式がありますが、なぜか私は空間に対する興味がほとんどなくて、時間だけの方程式を研究してきました。自分自身を空間的には点のような存在だと思ってきたからでしょうか、それとも空間的には想像力を働かせればいつでもワープできると思ってきたからでしょうか。なぜか空間で記述することに興味が湧かなかったのです。タイミングだとか、ちょっとずらすという時間的感覚、自分のなかに生まれてくる時間そのものに興味があったんですね。むろん生物進化、とりわけダーウィン的な進化にとって空間が大事だということは重々承知しているつもりですが。

ところで時間といえば、普通、それはいわゆるニュートン時間といわれるもので、〝時計〟に見られるように時を空間化したものです。ニュートンはそもそも時間を科学的に捉えるという偉業を達成した人で、ある空間内を点が動いているとき、それがどう時間変化するかを式で表しました。りんごから月まで、物体の運動をある一つの数学的

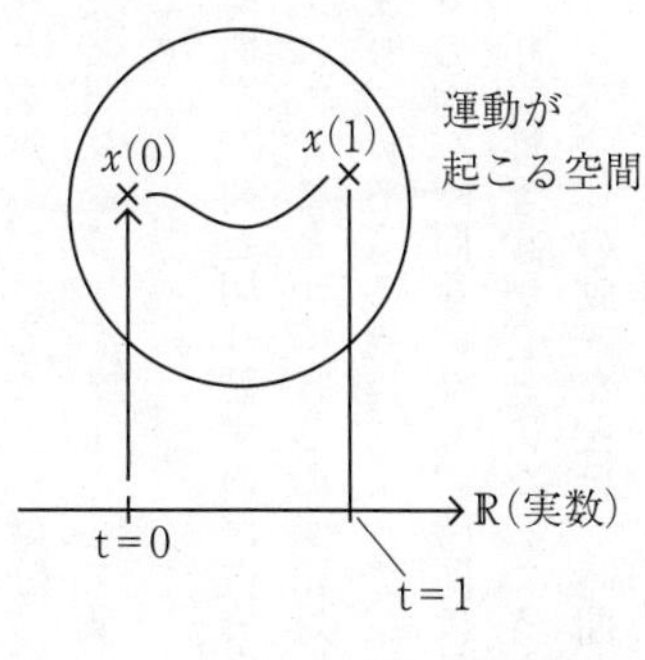

ニュートンの時間は運動が起こる空間の中にはなく別にあり、実数軸上を左から右に一様に流れているとして表記できる。この時間で運動状態を表す空間上の点の動きを記述することができる。これが、ニュートンの第二法則に現われる微分方程式による運動の記述である

ニュートンの時間と運動の記述の概念図

な式によって表すことを可能にした。時間とともに位置を変化させる物体の動きを式にした。つまり運動は時間によって説明されるというわけです。

ただ問題は、ニュートンの時間は絶対的で、その時間は考えている空間の外にあるということです。中には時間がない。つまり、空間内において点が動いているわけですが、それを中にいる人ではなく、外にいる人が観測しなければならないのです。つまり、空間の外に実数軸をおいて、その実数軸によって時間を表せるとする。この時間の経過と空間内の点の動きを対応させるようにする。するとt＝0のときにここにいました、t＝1のときにここにいました……というように、任意の時間での動きが記述できる。このように、実数と空間内の

状態とを対応づけることが微分方程式による記述です。古典力学においては、時間はあくまで外にパラメーターとして置いておかなければならない。中に置いてはならないわけです。

時間を空間と切り離すのが古典力学のやり方だとすれば、時間と空間をひとつの座標の上に書くことができるのが相対性理論です。それは固有時間があることを意味します。つまり、見る人の視点によって、時間は異なるということです。だけど古典力学的には個々の固有時間などなく、時間は外の人が見た時に初めて指定されるものでした。しかし、相対性理論が有効になるような物体の速度が光速度に近い世界、光に近い速度で動いている物体の動きなどは、時間と空間が一体になってしまう。すると中にいる人から見た時間しか考えられないわけですね。古典力学の場合はあくまで外で時間を記述しているので、観測者が二人いたとしたら、この二人のもっている時間は同じなのです。それはつまり、個々には時間の座標をもっていない、外に別の〝絶対時間〟があるということです。

ところがよくよく考えてみれば、むしろ絶対時間をもてることのほうが不思議かもしれません。まったく同じ時間で測られている、と考えることの方が特殊にも思えます。でも古典力学ではそう考える。だから人は、共通の時間概念をもって、決まった時間に待ち合わせができるわけですね。もしそれぞれが固有の時間軸をもっていたら大変なことです。だから力学系は相対性理論を対象にしていなかった。ただこれが厄介なのです。時間が、外にある客観的な軸によってしか記述できないとなると、〝生命的な時間〟というものは記述できなくなってしまうのです。

生命的時間とは生物の体内に流れている時間です。例えばサーカディアンリズムは、脳の視交叉上核というところのニューロン活動によっておよそ24時間の周期で振動するリズムですが、これは生体のリズムが地球の自転のリズムに引きこまれたものです。脳内には他にも多くの特別な周期をもつリズムが存在しています。また、脳に限らず、生体内では様々な代謝的な活動があり、速い活動から遅い活動まで様々なリズムを刻んでいます。さらにこれらの活動はカオス的になることもある。これらが基準になって生命活動が行われていて、これを内的な時間、あるいは生命的な時間と呼んでいるのです。

ニュートンまでは空間の外に時間軸を置いた。数学的に実数軸を作って、これによってすべての時間を記述できることにした。これは便利なのですが、〝生命的な時間〟というものを記述しようとすると難しくなる。ちなみに時計とは時間を空間化したものなので本当の生命的時間を記述したものではなく、むしろニュートン的な時間ですね。本当は空間内の位置が変化しているのですが、これを通常は時間と呼んでいる。ところが、私たちはカオス、そして脳という現象を前に、そうではない時間を探しているわけです。

ギリシャではクロノスとカイロスという二つの時間概念があったといいます。クロノスはクロックのもとになった言葉で、いわゆる空間化された時間です。それに対してカイロスとは瞬間、日本語で言えば時刻とでもいうもの、つまりその瞬間、瞬間を感じなければならない時間です。古代ギリシャの人たちは、そういう時間感覚と感性を持っていたから、この二つの概念を使い分けたのでしょう。時間だけでなく、時刻というものをも感覚的に捉えないと、生命的な時間は記述できない、そう考えたのでしょう。

そしてカオスの中にある時間とはものすごく複雑な構造をもったカイロスの時間、言い換えれば内的な時間とでもいうものです。では、そのカオスの中に潜んでいる時間をどうやって抜き出すことができるのか。例えば、一個体の中には生命が延々と続いてきた時間が流れていて、それは遺伝子に空間化されて固定されているけれども、遺伝子の発現にともなって時間のダイナミクスが一気に出てくる、ということがあるように思います。

例えば、植物のタネ。タネはほとんどエネルギーの変化がない平衡に近い状態で長時間固定化されています。しかしある条件が与えられると、それまでの時間が解き放たれて成長を始める。その仕組みが分かれば、この「折りたたまれた時間」というものが分かるかもしれません。同じように、脳の記憶というメカニズムをとってみると、「クロノスの時間」とともに「カイロスの時間」を考えざるをえません。さらに言えば、折りたたまれた「内的な時間」、それについて〝エピソード記憶〟から考えてみたいと思います。

エピソード記憶と時間

エピソード記憶とは、時間や場所や感情をともなった記憶のことです。意識的な経験の時間変化を、私たちはエピソードとして記憶している。時間的にも空間的にも変化があるものを、では私たちはどうやって記憶しているのか。移ろいゆく、動きのあるものをどうやって覚えているかを説明するのは、実はきわめて難しいことです。物質世界に還元することでは説明のできない動きの幅というものがある。

そもそも、エピソード記憶は5秒くらいの長さのイベント（事象）をひとつの単位として、これを3、あるいは4というイベント数のまとまりとしてチャンク化（グルーピング）して記憶しているのではないかと考えられます。例えば、「10時くらいにベルが鳴りました。ドアから外をのぞいてみると、そこにはしばらく会っていない祖母が立っていました。あわてて家を片づけてドアを開けると、祖母は掘ったばかりのタケノコをもっていました」といった具合に、エピソードが起きたとき、このエピソードはさらにいくつかのイベントの列として記憶されます。

つまり、エピソード記憶とは、ある種の時系列だといえます。記憶はイベントの列から成り立っているんだけれども、時間をともなっているので時系列というわけです。つまり、単に数学的にAというイベントが1番目、Bというイベントが2番目、Cというイベントが3番目といった順序づけがあるだけでなく、実際にそれが物理的な時間のなかで進行している。ただし、それらの間に因果性があまりない、という特徴があります。

時間をどのように脳という領域に空間化して記憶させているのか？ その前に、この因果性がないということについて触れたいと思います。日常世界で起きる現象には、それほど因果性があるわけではないのです。人間社会で起こることには実はほとんど因果性はないといっても過言ではありません。実際は因果性がないのにさもあるように仮定して、いろんなことをやっているわけです。

例えば、ある街角を歩いていたら赤ん坊の泣き声が聞こえた（A）、角を曲がったら、塀に車がぶつかってバンと大きな音がして、事故が起きた（B）、という事象があったとします。この二つの事象自体には因果関係はありません。

しかし、このとき、往々にして、自動車事故があって大きな音がした（B）から赤ん坊が泣いた（A）、というように前頭葉は勝手に因果関係を作ってしまうんですね。前頭葉は因果関係が好きなようで因果関係を作りたがる。この前頭葉が作る因果関係によって記憶が定着するまでに記憶は書き換えられてしまう。ではなぜそんなに瞬時に記憶できないのかというと、それは記憶のメカニズムにあります。まず、聞いた音や見たもの、触った感触など、あらゆる情報は常に一度、海馬というGPS機能があるところに送り込まれます。さらに、大脳の側頭葉や他の様々な場所へ送られます。その後も、海馬と情報のやり取りを経て、経験した情報が側頭葉に蓄えられると考えられています。記憶が定着するまでに、およそ数年はかかると言われるのは、こうした複雑な過程があるからです。

ところが、記憶が定着するまでの間に、記憶はもとの情報のまま蓄えられるわけではありません。その間に、記憶は変えられてしまいます。例えば、エピソード記憶が二つあるとしましょう。Aの系列とαの系列があったときに、それは脳にまったく独立に入ってきているのに、頭の中ではAの系列の一部とαの系列の一部が入れ替わってしまったりして、記憶違いが起きます。その上、エピソードを瞬時に定着させるメカニズムは脳の中にはなく、記憶はぐるぐる回っているうちに定着していく——このようなゆっくりした学習過程なのです。エピソード記憶が定着するまでの過程は、まさにカオス的なメカニズムが働いているのではないでしょうか。ニュートン的な時間によるのではない。むしろ、カオス運動に見られるような、あちこちに「折りたたまれた時間」があるのではないかと考えているのです。

エピソード記憶とは

そもそも、エピソード記憶はなぜこのような定着のプロセスをたどるのか。具体的な過程が分かったのは、一人のてんかん患者さんの治療過程においてでした。患者さんはH・Mという人で、重篤なてんかん発作に悩まされていた。てんかん発作の原因は不明ですが、幼少時の事故が原因ではないかと推定されています。この方が1953年にてんかんの手術を受けたんですね。てんかんとは、脳のあるところで神経細胞が異常に発火するために、周りの神経細胞と同期を起こして、脳全体が集団同期してしまう、その結果、意識を失ってしまうというものです。この人の脳を調べてみたところ、海馬あたりでそういうことが起きていると分かったのですが、昔の手術は乱暴で、治療のために海馬と海馬の周辺をとってしまったのです。しかし、このことによって記憶のメカニズムの一端が分かるようになったのですから皮肉な話です。

術後は良好で、てんかんの症状は改善されたため、手術は成功したかのように思われました。実際、海馬をとったあとも、知能検査をしたらIQは変わっていない。知的能力はちゃんとある。普通に会話もできる。運動機能も衰えていない。この経過をみて、医師たちは何事もなくてよかったと思ったのですが、その後、次のような症状に気がつくことになります。まず、同じ新聞を何度も読む。あるいは、新しい人と出会って「はじめまして」と言うのは普通ですが、その人が出かけて戻ってきたら、また「はじめまして」と言う。先生たちが、これはおかしいと調べてみたら、短期記憶が15分ほどしかもたないことが分かったんですね。記憶には短期記憶と長期記憶があり、短期記憶はある程度時間が経過すると長期記憶に移行して保持されます。ところが、この移行ができなかった。この現象を「前向性の健忘症」といいます。前向性健忘とは手術をしてから先の未来の向こうで起こっている記憶障害です。新しいことが覚えられない。15分なら記憶できるけれども、その先で長期記憶に移行できない。一日、二日の間、覚えていることができないのです。

さらに昔の出来事を思い出せないことを、「前向性の健忘症」に対して「逆向性の健忘症」といいますが、手術よりも前のこと、つまり過去を覚えているかどうかを調べてみると、どうやら手術した直前の記憶は忘れてしまっていることが判明しました。では、遡っていったいどのあたりの過去まで忘れてしまっているのかを調べてみると、より過去に遡るほどに、忘れている記憶の割合はだんだんと少なくなり、数年より前の出来事は記憶がしっかりしていることが分かりました。つまりここから、エピソードにまつわる記憶の定着には、数年かかっているらしい、という結論が導かれたんですね。記憶は徐々に徐々に、時間の経過とともに強化されているのではないか、と言われ始めたわけです。

さらに、海馬をとると記憶障害が起きることから、どうやら海馬という場所が記憶にとって重要なのだろうと推測がなされました。もちろん、Ａという場所をとってＢという機能がなくなったからといって、ＡがあればＢがあるとは言えない。対偶をとればＢ

の機能を出すのにはAが必要だ、としか言えないのですが、少なくともエピソード記憶を定着させるのに海馬が必要な場所であるらしい、ということが分かったわけです。しかし一例だけでは学説としては成立しません。最低、二例は必要なのです。

その後、もう一例、似たような事例がアメリカで報告されました。R・Bという患者さんのケースです。海馬のCA1という場所に異状が見られ、その症状はH・Mさんと類似していることが分かった。これで二例症例が出てきたので、「いよいよ記憶にとって海馬が必要なのだ」と確証がもたれた。さらに、海馬では〝場所細胞〟が見つかり、いろんな脳波も発見されて、まさに脳科学の解明が海馬を舞台に行われていくことになります。

エピソード記憶の数学モデル

エピソード記憶は時系列だ、と説明しました。何か出来事が起こります、その意識的経験がエピソード記憶として残ります。エピソードが起きたとき、このエピソードはさらにいくつかのイベントの列として記憶されます。では、この時間をもったイベントの系列は、どのように脳という空間に埋め込まれるのか。つまり、空間的な構造に時間構造をどのように埋め込むか、という問題があります。そして、そもそも、仮にエピソードが無限にあったとして、無限個のエピソード記憶を、どうやって有限の領域に記憶させることができるのか。

私たちは、この「時間的構造を空間的構造へ」というメカニズムを説明する数学モデルを作ってみた結果、すでに本書で説明したカントル集合を使ってうまく説明できるという結論にたどり着きました。カントル集合が時間構造を空間化する変換の役割を果たしてくれる——。つまり、記憶という心のもっとも高度な働きには、無限を捉えることを可能にした数学の概念が隠れている。それはつまり、こういうことです。

エピソードの長短は記憶によって異なりますが、一単位時間で起こったイベントごとに切れ込みが入り、エピソードの長さに応じた数の蛇腹に織り込まれ、ぎゅっと点に圧縮された形で空間の一点に割り振られていく。個々の点を引っ張り出すと、ずるずるっと織り込まれたイベントがすべてそのまま出てくる、つまり、それがエピソード記憶を思い出すということなのですが、長さの違い（エピソード記憶の長さの違い）や折りたたまれた時期の新旧はあっても、空間の一点として等価に割り振られていることに変わりはない。もしこういう、時間変化を点の集合として変換できる仕組みがあれば、無限個の時間系列をカントル集合のように有限の領域にある無限集合に埋め込むことができる、つまり無限個の情報を記憶できるというわけです。

この発想は、ある数学モデルを作った結果、このモデルの適用によって説明できるだろう、という偶然の発見にも似たものだったのです。そもそも最初はエピソード記憶の数学モデルを作ることなどまったく考えていませんでした。何か抽象的な空間を考え、その中にある点がどう動いていくのか、この動きの変化を見ていくのが力学系という学問です。2つの独立した力学系があって、片方（A）は独立に動いている、しかし、もう片方（B）は片方（A）の影響を一方的に受けている、というシステムの数学的性質について研究していたんですね。そして、影響を及ぼす方（A）にカオスがあって、影響されるほう（B）が縮小するというダイナミクスによって動いているときに何が起きるか、を考えていたのです。

ドライブする方がカオスで、ドライブされる方がいろんなものをコンパクトに縮めていくようなダイナミクスをもっている。そして縮小するダイナミクスをもったシステムのなかの構造を見ると、カントル集合上に無限個の時間の折りたたみが入っていることが分かった。そこで、ニューロンのモデルを作ってみたのです。すると、このモデルがまさにエピソード記憶のメカニズムを説明するのにぴったりなモデルであることが分かりました。海馬の構造と働きにぴったり一致するではないかと。そこで、研究室で（黒田茂さん、山口裕さんと）海馬の具体的な神経回路モデルを作ってみたところ、このことを確認できたのです。

記憶とカオスと海馬

そもそもカオス、その予測できない、一見でたらめにみえるけれども秩序だった振る舞いを調べると、カオスは必ずカントル集合を持っていることが分かります。カントル集合の要素は実数と同じだけある、だけどスカスカの点の集合です。実数と同じだけの数が集まったスカスカの集合がある。そして、このカントル集合で表現できるような構造がカオスアトラクターの中に必ずあるのです。

カオスアトラクターとは、カオス的な軌道の集まりです。可算無限個（数えられるが無限に多い）の周期解と非可算無限個（数えられないほど無限に多い）の非周期解をもち、どの瞬間をとっても自分自身の近くにいるような稠密軌道をもっているような集合がアトラクターになっている。そこにすべて引き寄せられてしまう。このようなカオスアトラクターの構造をよくよくみると、そこにカントル集合のようなものがあることが分かります。モチーフの中にモチーフがある……というようにフラクタル的に、無限に同じ構造が入れ子状に続いている。これがカオスの超越的な性質を生み出す源になっているわけです。

さらにダイナミクスをより注意深く観察してみると、ドライブする方向のカオスには、時系列の情報を吐き出す働きがある。そこで、これは何かの情報処理の仕組みを表しているのではないか、と考えました。時間変化を点の集合に変換して、長さをもった状態の時系列をぎゅっと縮めてコンパクトにし、空間の一点に割り振っていく。カントル集合の一点一点にそういうことができれば、我々が1、2、3、4……と数えることのできるよりも多い情報をすべて、有界な空間領域に埋め込めることになります。つまり、無限個の時間の情報を有界な空間の情報に変換できる。時間の情報を圧縮して、時間情報の履歴を空間の階層性にして埋め込める、するとカントル集合として埋め込めることになるわけです。

そして、このモデルを実現できる神経回路と同じような構造が脳の中にないかと調べてみると、それが海馬だったのです。ということは、海馬における記憶のメカニズムもこれと同じ構造をもっているのではないかと考えられます。ここで、海馬がどういう構造をしているのか簡単に説明しておきましょう。

海馬では神経細胞の入口と出口がはっきり分かれています。情報の入口と出口が分かれているわけですね。入口は歯状回と呼ばれる場所で、CA1という場所が出口の役割を果たしているのですが、その中継地点にCA3があります。神経情報はまず歯状回から入ってCA3に送られ、CA1に渡されてから海馬を出ていく、という経路をたどる。そして、CA3がカオス的な活動を示すことは20年近く前から知られていました(林初男さんや龍野正実さんなど日本人の研究者が発見しました)。もし、エピソード記憶の形成過程において、ここでカオスダイナミクスが発生しているとなると、経験したエピソ

海馬でのエピソード記憶の形成を想起の
シミュレーション結果をもとに表した概念図

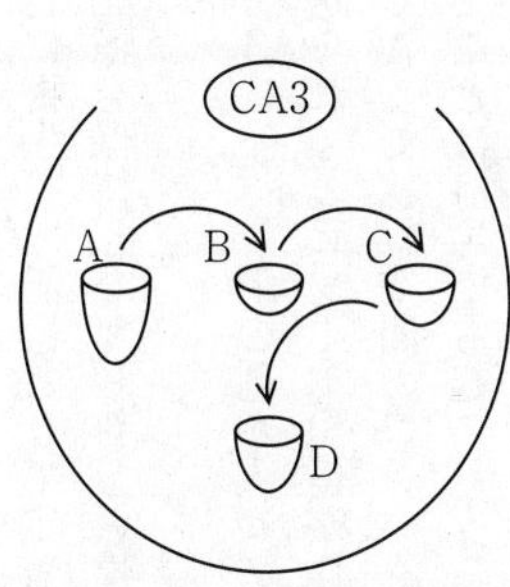

記憶A·B·C·D間の遷移

エピソードの記憶

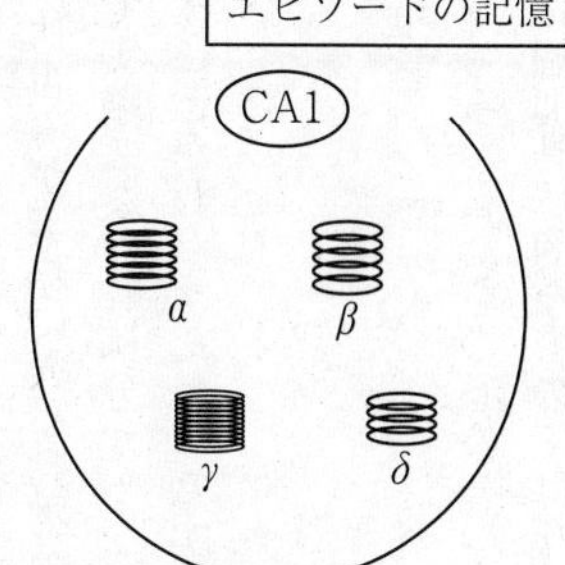

エピソードα、β、γ、δ
各エピソードの時間が圧縮され、
蛇腹のように折りたたまれている

エピソードを思い出す時

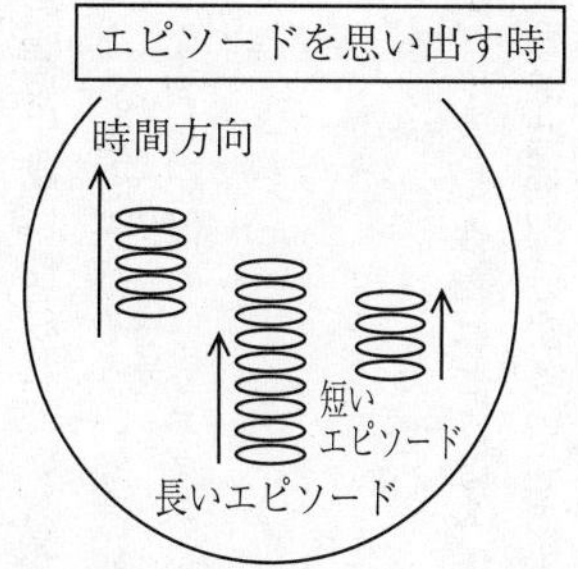

エピソードを思い出す時は、蛇腹を引き上げるようにして時間方向に圧縮されたエピソードが引き出される

ードを高速に再生して記憶として定着させる過程が進行していると推論できます。つまり、古い記憶を保持しながら新しい情報をも記憶として書き込むことが可能になるわけです。

まずCA3にイベントの列が入ってきます。すると、ここで再生されたエピソードがCA1に送られ、エピソード記憶が作られると考えられる。CA3で作られた時系列の情報が、CA1で状態空間のコンパクトな領域に表現される。これによって我々が数学的に考えたことは海馬でも起こりうるということが、少なくとも海馬がそういう性質を持っているということが理論的に分かりました（さらに、この推論はラット海馬のスライスの実験で実証されました。福島康弘さんや塚田稔さんらによって実験で確認されたのです）。その仕組みが実際に人や動物のエピソード記憶生成に使われているかどうかは生きた海馬で実験しなければ分からない。でも、少なくとも脳はそういう機能を備えた装置だということがわかったわけです。時間をともなった記憶のメカニズムが数学的に説明可能になったのです。

連想と推論

記憶ももちろん私たちの心の一つの表れですが、思考や推論ほどには各人の脳の構造を反映した個別具体的なものではなく、むしろ人類で共通部分が多い心の表れです。だからこそ数学モデルで説明できるのですが、それは記憶が人類に共通の脳の構造を通して表れた心だからです。記憶に関係した海馬の構造は爬虫類と哺乳類では劇的に違っていて、爬虫類のランダムなニューラルネットワークに対して哺乳類は高度に構造化され、連想機能を生み出せる構造になっています。おそらく爬虫類は海馬のニューラルネットワークの構造から類推して、連想記憶をもちえないでしょう。したがって、エピソードを記憶として定着させることは不可能でしょう。条件反射的な学習しかできないと考えられます。

一方、人類は記憶を外在化させ、ノートに記したり、書物にしたり、磁気媒体に格納したりしながら、脳の共通構造を使って記憶を共有します。同じ経験の記憶が人によって違うのは、記憶の違いではなく、物語を作る役目をもち、思考・推論の主役である前頭葉の構造の違いによるのです。異なる前頭葉の働きが共通の記憶の書き換え方を変えてしまうのです。このように、記憶と思考・推論は異なる心の表現ですから、異なるものと理解されますが、これを脳科学的に区別しようとするとなかなか難しい問題があるのです。

脳において記憶と思考・推論というのは分離されているのかどうかを、脳科学者は長年知りたいと思ってきました。私たちが普段何かを推理したり考えたり計算したりしているときに、一切記憶を使わないということはありません。必ず過去に覚えたことをもとにして推理、推論したり、考えたり、または計算したりしているはずです。過去の記憶の断片を頼りに、推論しながら何かを思い出すこともあるでしょう。ですから、思考・推論と記憶は日常的な活動のレベルでは分離されているわけではありません。しかし、他方で、コンピュータを考えてみましょう。コンピュータでは記憶装置と中央演算装置は分離されています。つまり、記憶を司る部分と計算を司る部分は分離されて働くようになっていますから、実際、人においても思考・推論と記憶は分離されて存在している可能性も否定できません。分離されて存在はしているが、実際に使うときは分離できない形で使われているように見えているだけかもしれないのです。ですから、この分離・非分離問題は脳の研究者にとっては大きな問題なのです。

また、私たちは記憶が時間と切っても切れない心の働きだと述べてきましたが、だとすると、思考・推論と時間の関係はどうなのかという問いも成立するでしょう。これを考えるにあたって、ちょうど思考・推論と記憶の間に入るような概念がありますので、それを軸に考えましょう。連想というものです。

何かきっかけになるものを思い出して、あとは芋づる式にそれに関連するものを思い出していく――これが連想です。歌などは分かりやすい例でしょう。先頭（イントロ）を思い出すとその後の歌詞やメロディも不思議と思い出す。途中のフレーズだけを思い出しても、なかなか先頭は思い出せない。だから基本的に私たちは先頭から覚えているのです。先頭が分かればだいたい全体を思い出すことができる。それは連想記憶とエピソード記憶の構造がよく似てみえる部分だと思います。しかし時間が関係しているエピソード記憶は、時間の前から後ろへと連想が進むのです。

ところが通常の連想記憶というものは、特に時間とは関係ありません。例えば、私だったら「りんご」というと「ニュートン」を思い出しますが、この連想に時間は関係ありません。「りんご」と「ニュートン」の間に時間はなく、ただ知識としてペアにして覚えているだけです。ニュートンが木からりんごが落ちるのを見て万有引力の法則を考えたという逸話を知っているので、「りんご」というと「ニュートン」を思い出す。あるいは、私の世代だったら、「りんご」といって「アップルレコード」つまりビートルズを思い出すかもしれません。さらに「りんご」といって「ニュートン」とくれば、「アインシュタイン」を思い浮かべ、そこから「ユダヤ人」、「大虐殺」、などと連想が進んだりするかもしれません。

それは別に時系列ではありません。仮に事象間に因果関係がなくとも、また時間的な順序関係がなくとも、我々はそこに連想を働かせてAとBには関係があるからペアを作り、Aを想起するとBが想起されるという連想の構造を使って記憶を成立させる。だから通常のエピソード記憶と連想記憶は、構造的に似通っている、しかし時間と関係があるかないかという点においては異なるわけです。エピソードとは特別関係なく、むしろ一つひとつの事象は意味記憶で、意味記憶と意味記憶の間にペアを作っていく。それが連想です。

こうして「記憶」と「連想」の関係が明らかになると、当然のことながら、「連想」と「推論」が同じかどうか、という問題が出てきます。我々は通常「連想」と「推論」とは違うものだと考えているでしょう。「推論」のほうが能動的な思考が必要なように思われる。しかし、その直観とは別に、「連想」と「推論」の違いを区別できるような実験を組むことは、どちらかといえば不可能だと考えられてきました。

昔、あるイスラエルの学者と議論になったことがあります。私は実験によって区別を示すことが可能だと考える一方で、彼は「それは絶対に不可能だ。もし『連想記憶』と『推論』が違うことを示せる実験系を考えたら教えてくれ」と言っていたことを思い出します。しかし、我々はその後、玉川大学との共同研究（坂上雅道さん、塚田稔さん、シャオチュアン・パンさん）で、「推論」と「連想」が違うということを可能な限り示すことのできる実験を行いました。もちろん、その実験対象はサルなので、果たして、どこまでそれが正しいと言えるのかは難しい問題なのですが。

基本的に、「AならばBである」という構造をとるのは推論です。でも、AとBを単にペアとして覚えていたとしても、「AならばB」という結論はすぐに出るわけで、連想記憶を使っていても、論理的推論と同じような結論は出せるわけです。我々はアプリオリに推論と記憶は違うと思うけれども、なかなか区別するのは難しいところがあるんですね。もちろん推論するときに記憶を使いますし、記憶といっても、そこには推論がまじっているかもしれません。純粋な推論、純粋な記憶は本当にあるのかどうか、という問題です。

ところが、玉川大学のチームとの実験は成功しました。サルはエサを頼りに単純な連想記憶の連鎖では説明できない行動を示しました。この実験は次のようなものです。A、B、Cというパターンがあって、Aを出すとBに反応しなければならない、Bを見たらCに反応しなければならない、そしてCにはエサがついている状態にします。また別の系統としてα、β、γというのがあって、αならβを選ばなければいけない、βならばγを選ばなければならない。でもγにはエサがない。このような二つの系を作り、実験をしてみます。さらにこの条件のもとで、サルはAならBだということ、さらにBならばCだというのを学習しているんですが、AならばCというのは学習しないでおくことにします。αとβ、βとγ、αとγについても同様です。このときにAとαをともに見せたときAを選ぶならば、これはαの系にはエサがないということが分かっていることになる。するとエサをたよりに逆向きに推論している可能性があるわけですね。そして、サルは実際にこのような行動をとるのです。

Aを選んだらBを選び、さらにBを選んだらCを選ぶ、するとエサがもらえるというわけです。Cを選ぶとエサがもらえ、γを選ぶとエサはもらえない。Aを選択したということは、エサをもらうためにはCを選ばなければならず、そのためにはBを、さらにそのためにはAを選ばなければならないと、逆向きに推論をしたのではないか。つまり、単にAならばCという連想ではないことを実証する実験ですが、これが一応できたんですね。

実験のパラダイムとしては、専門的になりますが、エサをあげて学習させる強化学習のパラダイムを使用しながら少し手の込んだ課題にすることで、推論と連想とはまったく別のものであることを実験で示すことができたと考えているわけです。

このようにして記憶と思考・推論とは異なるものであることを示す手がかりが得られた。このことを「論理」を軸に別の方向からも示してみましょう。

論理と推論を数学で考える

論理とはいったい何でしょうか？　どこから生まれたかを突きとめるのは難しくとも、常に動いているものを止まって考えるための方法である、といえば納得しやすいかもしれません。ダイナミックに変化する自然現象を理解するために、いわば時間的変化をとどめおくために、空間に固定化することで時間のない論理が生まれる、と。論理といえば前提があって結論がある、その繰り返しの形なので、時間の入る隙がないという話をしました。連想もまたAならばBという形式です。一方で推論とは一方向ではない人の心の動きで、時間が関係してくることになります。つまり、いったん出た結論を前提に戻して再び推論をして結論を出すことを繰り返す論理の連鎖の形をしているので、ここにおいては離散的な時間がある。それに伴うダイナミクスがあることになります。

そこで実験的に、論理に一定の幅の時間を入れてみることにしましょう。推論という心の動きを数学的枠組みで捉えるために、〝ステップ推論〟という考えを導入します。ロジックの話として第五章でブールの名前を出しました。そこで、ブールの「白い白い＝白い」か、という命題を説明しました。ここで、もう一度その話をしてみましょう。ブールは、「白い」と言ったときの白さと「白い白い」と2度続けて言ったときの白さは同じか、という命題を考え、これを数学的に展開させました。「白い」＝xと置き換えることで、「$xx=x$」か、という命題になります。ここに掛け算と等式という演算を導入して代数的に扱うことで、$x^2=x$という方程式になりました。これは真と偽、0と1の二つの値のみを解として想定する古典論理の真理値（真であるとき1をとり偽であるとき0をとる）を与えるものですが、連続的な心の動きにはそぐわない。心には連続的な時間が流れているでしょう。

そして、よくよく考えてみると、〝白い白い〟と言ったときの白さと、〝白い〟と言っ

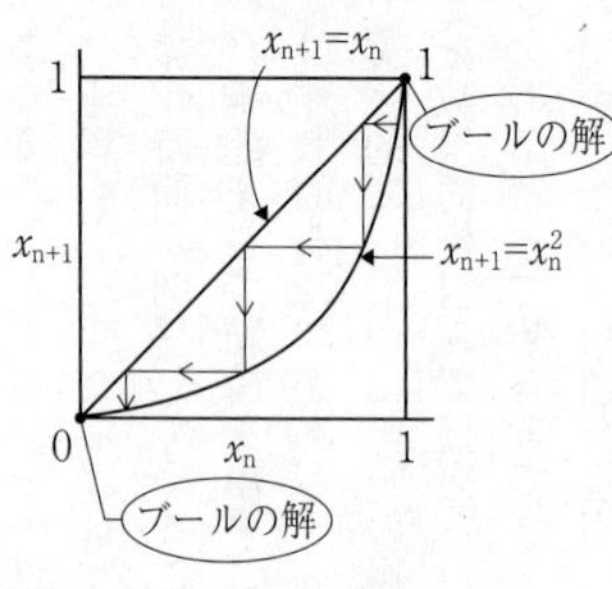

「〝白い白い〟=〝白い〟か?」をステップ的に推論するときの白さの度合を表す方程式$x_{n+1}=x_n^2$のグラフと$x_{n+1}=x_n$（図の対角線）が交わる点(1,1),(0,0)がブールが求めた解となる。図の横軸はnステップ目の推論の結果を表し、縦軸はn+1ステップ目の結果を表す。図中の矢印付の線分は1の近くの真理値から出発したときのステップ推論のダイナミクスを表す。n→∞で0に漸近する。

たときの白さは、必ずしも同一ではないだろうと思われます。〝白い〟と言ったときの白さの度合いを、さらに〝白い白い〟と言ったときの各〝白い〟に代入して推論しているので、写像の反復が生まれるために、そこには時間差がある。つまり〝白い〟という言葉が同じでも、そこで感じている〝白い〟の感じ方は異なっているはずです。推論の次のステップでの〝白い〟は前段の推論での〝白い〟を受けての〝白い〟であるのだから、感じ方は違ってくるでしょう。

そこで、「白い白い=白い」に離散的な時間を入れてみることにします。推論を「前提から結論へ」の論理操作と「結論を前提に」の置換操作の合成として捉え、一回の反復に一単位時間かかるとします。実際、脳の認識能力は離散的であることを述べました。このような脳の離散性が、推論の離散時間を物理的に裏づけているかもしれません。そこで離散時間をnとして、推論の過程を「繰り返しの数学」つまり写像の反復で表現してみます。すると「白い白い＝白い」かという推論は、$x_{n+1}=x_n^2$という差分方程式で表すことができます。この式はこの白さの真実度合いに関する推論を表すことになり、推論を時間を追ってやっていく過程に対応することになります。nという時刻で「白い白い」という命題が正しいかどうかというのは、x_n^2で与えられていて、それが次のn＋1の時点での前提になっている。このようにすると、そこにダイナミズムが生まれるのです。それが「白さ」の確からしさのダイナミクスになる。

nが変化しても変化しない解を〝不動点〟といいます。この差分方程式$x_{n+1}=x_n^2$の不動点は1と0です。これがブールが求めた解です。ところが今度は時間のダイナミクスが入ってきて、0と1以外の任意の実数も真理値として考えると、1と0の安定性を議論することができます。x_nにどんな値を入れてもx_{n+1}はx_nよりも小さくなり、軌道は1から離れてどんどん0に近づいていく。結局、1になるのは初期条件として1を与えたときだけです。つまり1は不安定で0の状態が安定になる。ということは、このブールの命題に対して少しでも疑いをもてば、偽であるという結論になる。〝白い白い〟は〝白く〟ないことになるのです。

比喩的にいえば、「神は見えない」わけです。初期条件が1から少しずれれば神は見えなくなってしまう。神を見るためには神の上に立たなければならないことになる。神に少しでも疑いをもてば、神は姿を消してしまう。このように、離散的な時間を入れると神（1）から遠ざかってしまうことになるので、ブールは悲しむかもしれない、などと思いを巡らせてみるのです。

論理に時間を入れるということ

コンピュータの機能を支えるのは論理体系で成り立った緻密な体系である一方で、実際私たちがやっている心の動きは、このように離散時間を入れて推論をしてみるということです。論理には時間がない、しかし推論をするときには、そこに当然ながら時間が入ってくる。そして逆に、いろんな矛盾した命題が、時間を入れることによって矛盾のない推論形式のもとで解釈できるようになっていく。このことは私たちの心のありようを示しているように思われてなりません。時間のない論理は本来の心の働きからは遠く、むしろ論理に時間を入れた推論こそが心の働きに則していることがわかる。

例えば、「次の文は嘘です」という文章があったとして、その「次の文」は「前の文は嘘です」という文章だとする。すると、前の文が正しいとすると次の文が嘘であることになり、次の文が正しいとすると前の文は嘘だということになる。結局、真と偽が繰り返されていって結論が出ない。だから論理で考えると矛盾してしまう、つまり「解なし」の状態になってしまうので、この命題は「決定不可能」です。あえて言うならば、真と偽の中間が解になりますが、排中律（つまり真か偽かのどちらかである）を認めれば、こういう中間値は存在しないことになります。

ところが、時間を導入して推論の形にすると（$S_{n+1}=1-S_n$）「真である」と「偽である」が異なる時間の結論として得られますから、矛盾はしません。時間は進んでいるので、同一時間で〝真〟と〝偽〟が同時に出ているわけではない。時間を違えて出ているので決定できないだけであって、論理的矛盾ではない。だから、時間を使うことである意味、論理的矛盾を回避できるわけです。

このように推論過程に離散的な時間を入れていれば矛盾しないわけですが、これを今度は連続時間で近似してみることにしましょう。連続的な心の動きに対応させて、時間の幅をより小さく、連続的なものにしてみる。時間間隔が無限に小さくなった状態を考えてみます。すると、どうなるでしょうか。例えば時間1と2があったとすると、ここを連続にするためには間に無限個の数を入れなければなりません。つまり離散的なステップ推論を連続的な推論で近似したらどうなるか、という問題です。これは時間のシフト演算子というものを使って厳密に議論できるのですが、結論を言うと無限個の微分方程式が必要になります。つまり差分方程式（写像の繰り返し）を微分方程式で近似すると、無限個の微分方程式が必要になる。すると、時間ステップを入れることで解消されたように見えた矛盾が、再び矛盾として復活することが分かります。

だから、結局我々の見ている形式論理とは、無限個の微分方程式を使っているのと同じだということです。つまり、そこでは時間が瞬間なのです。ロジックにはふつう、時間が入りません。それは、連続的な時間で表される微分と同じ構造を持っているということで、クロノス的な時間の表現なのかもしれません。論理に離散的な時間を入れることで矛盾を回避できた。それこそが推論という私たちの心の動きですが、この離散的な時間にもとづく推論は、カイロス的な時間に支えられているのかもしれません。

このように論理を微分方程式の形にして時間を入れようとしてみても、結局その解は時間がない時に出した解と同じものになる。矛盾はあくまで矛盾、矛盾していないものは矛盾していないもののまま変わらない。ではどうやって矛盾を回避できるのかというと、時間に幅を入れなければならないわけです。時間に幅を入れることで、初めて矛盾を回避できる。時間に幅を入れることで離散的なステップ毎に推論を行い、矛盾を回避できる。人の推論という心の働きの基礎にある数学的構造には、幅のある時間が必要だということがいえるのです。

「幅のある時間」を持つということ

ここまでは数学のモデルですが、では我々が「幅のある時間」を日頃どうやって使っているか説明してみましょう。例えば、過去の自分と今の自分を同一視する、そのためには時間に幅が必要です。30分前の自分と今の自分が同じであることには何の疑問ももたないでしょうが、10年前の自分と今の自分だとどうでしょう。どこか変わっていると感じられて、もはや過去の自分と今の自分とは同じだとは思えないところがあるかもしれない。でも、もし少し前の自分と今の自分とが想定できれば、この二つに対する変換が想定できる。すると比較もできるわけです。この二つが同一だと認識することで自分というものを保つことができる。一方でこれが乖離し、この二つが同一でないとなると、分裂になるわけです。

それは数学でいう差分方程式、あるいは写像というもので、ゲーデル数と似たようなものになるのかもしれません。バチッと時間をつぶして微分構造だけを残してしまうと、それは私たち人間にとっては非常にまずい状況なのです。あまり科学的な説明ではありませんが、瞬間、瞬間が連続するのは人間の精神構造にとってはあまり健康的ではないということです。「少し過去の自分」、あるいは「少し未来の自分」と「今の自分」との写像がうまくとれていれば、一応健全に心を保っていられるでしょう。しかし、そうでないと破綻してしまう。木村敏さんが『時間と自己』の中で述べているように、人間にとって「時と時とのあいだ」が必要なのはやはり真理なのではないだろうか。人間はそうやって推論をして自己を維持しているのではないかと思います。

つまり、生命が矛盾を回避して生きられているのは、もしかしたら根っこに「幅のある時間」があるからなのかもしれません。機械はロジックで構成されていて矛盾したら動かずフリーズしてしまうけれども、生命は矛盾したとしても、矛盾を矛盾とも感じないで乗り越えていくところがある。それは「幅のある時間」があるからではないか。それが生命の基本であるに違いないのです。

例えば、面白い例で粘菌という単細胞生物がいます。身体がアメーバのように伸び縮みする生き物ですが、矢野雅文さんによる昔の粘菌研究はまさにそのことを考えさせるものです。粘菌はエサをやらないと植物が水不足でしおれるように枯れているわけですが、エサをやると動き出すという性質があります。そこで、一定の空間の中の左右両方に、例えば砂糖水、オートミールといったエサを置いて、ちょうど真ん中の位置には塩化カリウムという粘菌が嫌いな苦いものを置いておくことにします。

その後、粘菌がどういう行動をとるかを見てみると、塩化カリウムに接触している面積に依存して真ん中からちぎれて両サイドにいくか、左右どちらかに体全体をもっていくという二つの行動パターンが見られます。あまり苦味部分が広いと真ん中から切れて左右に分かれる、それほどでもなければ左右のどちらか一方に引きあげてしまうのだそうです。これは昔からいう「ビュリダンのロバ」の事例にはならないということを示しています。「ビュリダンのロバ」とは、こういうものです。ロバがいて等距離の両サイドに干し草があります。さてどちらの干し草を食べたものか。ロバはどちらに行こうか迷っているうちに餓死してしまう——。

ところが粘菌は餓死することなど決してありません。必ず解決策を見つけてどちらかにいく。つまり矛盾した状態においても、それを矛盾とは感じない。ここで矛盾したと思って悩んでしまうと「ビュリダンのロバ」のような悲劇になってしまうのですが、そうはならないわけです。もちろんこれは人間が作った比喩なので、実際にこのような局面に置かれたらロバはどちらかに行くでしょうが……。ただ、確かに等距離にエサがあれば生き物としては迷ってしまうのが普通でしょう。だけれども、どっちでもいいからどちらかに行こうと、頭の中でサイコロを振って「よしこっちだ」と決断するわけです。ふつう生命というのは、何らかの形でこうやってサイコロを振って決定している。でもロジックではサイコロを振らないことになっている。だから矛盾したものからは何も生まれないし、そこではデッドロック、停止した状態になってしまうんですね。

粘菌を輪っかにして実験した例もあります。その状態で粘菌を、粘菌が嫌いなものの上に置いてみた。すると、粘菌はだいたい三つに分かれて、それぞれの分かれたパートごとに動き出すことが多いそうです。粘菌という生き物にロジックがあるかどうかは分からないけれども、こういう逞しさには、ある種の離散的な時間が入っている、という気がします。

最近の粘菌実験では、なんといっても中垣俊之さんの研究が面白いですね。粘菌は独自のロジックを持っていて、いろんな最適化問題に瞬時に（と言っても粘菌の動きは人間時間では遅いですが、おそらく粘菌時間では瞬時に）適応しているように見えます（『粘菌　偉大なる単細胞が人類を救う』）。このことも数学的に基礎づけることができますから粘菌の心も案外数学でできているのかもしれません。

エピローグ

長岡半太郎の「荘子」観

日本は西欧におけるキリスト教のような強烈な葛藤を生むものが科学のバックグラウンドにはなく、本当の意味での自然との対決というものもないので、欧米人が作ってきた自然科学や数学は、逆にそのままでは受け入れがたいところがある気がします。もう明治時代から100年以上は経っているし、私たちは今ではごく普通に自然科学や数学を学校教育で習っているから不思議には思わないかもしれませんが、かつてはそうではなかった。日本人として自然科学を学ぶことに葛藤があった。それは長岡半太郎や朝永振一郎の科学者人生にも大きな影を落としていました。

荘子の「万物斉同の原理」と「因循主義」の2つを指して、長岡半太郎（1865・1950）が「合理的だ」と考えたのは、私は偉いと思います。長岡は大阪大学の初代総長を務め、東北大学（理科大学）の教授人選も務めた、量子力学の初期の原子模型を作った人物ですね。彼はそもそも西欧人と比べて自然科学の歴史のない日本という国にいる自分が、物理学をやっていけるのかと深く悩みました。東京帝国大学に入るも1年間休学して、漢籍など東洋の文献を読みあさるんですね。そして、例えば荘子は共鳴という現象の実例を示したり、エネルギー概念の説明などをしていることを発見する。あるいは「空が青いのは空が遠いからではないか」という、19世紀に入ってから正しい説明がなされた科学的発見をも言い当てているということを知る。そして東洋人にも西洋人と同じような合理的精神があるんだから、日本人にも物理学を研究できると自信を得て、物理の研究にまい進したのです。

そうしたバックグラウンドがあったことも大きく影響しているのでしょうが、一見、ぜんぜん科学的でないように思える荘子の「因循主義」を肯定的に捉えてみせる。「因循主義」は下手をすると「因果関係なんて全然ない」というだけの、まるで妥当性のない主張に聞こえたりしますね。ところがそうではなくて、因果関係があるように見えても、それを瞬時に因果関係に回収することが科学的に正しいとは言い切れないと考える。因果では捉えきれない領域にこそ、もっと深い科学の可能性があるのではないか、それを追求する姿勢、あるいは思考の方向性こそが実は科学的で合理的なのだ、長岡はそう言うわけです。

いま科学が依拠しているものは確かに因果関係を式に書いて解析する、あるいは物事には区別があると考える思考法です。どちらかと言えばコップと水は同じものではない、という区別を一生懸命やっているわけだけれども、そこから離れ、さらに大きな原理原則を求めようとしているところにこそ合理的精神がある。一見、この「因循主義」というのは反科学的にも見えるが、そうではない。むしろ新しい科学のパワーがこの考え方には備わっている、私も長岡と同じくそのように思うのです。

日本人の中の科学

では数学に関して明治時代の近代化以前に歴史はなかったのか。日本にだって数学の歴史がないわけではありません。和算の歴史があったのです。この和算の発達によって西欧の学問を受け入れるだけの素地が十分にできていたとも考えられるのです。例えば、関孝和という人は、和算のなかで微分や行列式、円周率など西洋数学に匹敵するものを考えていました。ニュートンやライプニッツと同時代に、です。ところが、数学でなくて自然科学となると、ほとんどなかったんですね。薬学やエレキテルで平賀源内、天文学や論理学で三浦梅園という巨人は出ましたが、体系的にはほとんどなかった。

私は三浦梅園という人にとても興味がありました。それほど名を知られていないかもしれませんが、大分の国東半島にいた論理学者で、西欧と肩を並べるような科学の一ジャンルを独自に作り上げたすごい人です。九州からほぼ一歩も外に出なかった。国東半島から出たのは数回だけで、京都と長崎に足を運んだ形跡は残っているのですが、外の学問に通じていた形跡はほぼないわけです。当時、長崎には西欧の文化が入ってきていましたから、そこでいろんなことを聞いた可能性はあります。ただ国東半島から出たのが数回だけというのにもかかわらず、非常に独創的で体系的な自然の形而上学の研究を行っていたことがわかります。

三浦梅園は、自然世界の全体的構造を表すことができないかということを理論的に考え、条理学という学問を創始した。へーゲルと同じような弁証法をへーゲルよりも早い時期に考えていました。やはり江戸時代の日本人が考えていたことは、かなり西欧と同時代的であって、あるいはそれよりも進んでいて、自然科学や数学を近代的なレベルで作っていくことができるだけの素地を持っていたと言われているのです。だから、もしかしたら明治維新がなくとも、日本独特のものが独自の発展を遂げて、西欧と似たユニバーサルなものができていた可能性はあるのですが、一般的な印象としては、科学は明治維新でいきなり日本に入ってきたように思われているでしょう。

実際、「西欧列強に負けないように」と、日本人で優秀な人をどんどんヨーロッパに留学させて、知識を仕入れてくる。「トランク哲学」という言葉が生まれたのはその流れにおいてのことです。日本人がやってきては、西欧の哲学書をいっぱいトランクに詰めて持って帰る、持って帰ったものを東大をはじめ当時の帝国大学で講義する。へーゲル哲学にしてもなんにしても、そうやって輸入してきたものを訳して紹介する人が偉い先生だと言われていたわけです。西欧人も「日本人は真似ばかりしている」と言ったわけですね。これは哲学に限らず自然科学全般に対してもそう言われていたわけです。日本で代数研究の先駆けとなった高木貞治がヨーロッパの偉大なる数学者・ヒルベルトのもとに留学するという話が伝わったとき、当時の世界の数学界でトップであったドイツの数学者・フロベニウスが、ある挨拶で、「最近は外国人がさかんにドイツにやってくる。アメリカからもいろんな国からも来る。今年は日本人さえやってきて、来年はきっとサルも来るだろう」と言ったという逸話が残っているくらい、日本人は馬鹿にされていたようです。

朝永振一郎もまた、不確定性原理で知られる理論物理学者・ハイゼンベルク（1901-1976）のもとへ留学した時に「素晴らしい人だが、西欧人の科学に対する冷徹さというのは理解できない。科学研究のためなら他のことはすべて犠牲にするようなことは自分にはできない」と悩みを書いているのです。日本人はなかなか西欧人の科学者のように科学をできないという悩みを朝永さんですら持っていたのだから、本当に自分に科学ができるのだろうかと私も大いに悩んだものです。

創作と学問のモチベーション

でも大いに悩むこと、葛藤というのは、深い研究や創作を生むことにつながると思います。例えば、夏目漱石の小説には、そのほとんどに恋愛が描かれています。岡潔は、漱石の小説は恋愛小説として素晴らしいというわけですが、私はむしろ漱石の男女の描き方は別のところに意味があるのではないかと思ってきました。漱石は、西洋の合理主義と東洋の直観主義が果たして相いれるものなのかどうかで悩んだことからすると、チューリングの逆で、男女の物語を描いたのではない、というように思えてくる。

というのも、漱石の描く女性というのは西洋的な女性です。あの時代において、西欧近代を象徴する新しい女性像として描かれる。一見従順で男性に従っているように見えて、実は優柔不断な男性たちを独特のロジックでやり込めて、たじたじにさせてしまうところがあります。一方でそれをけなしている男たちというのはきわめて東洋的で、そして竹林の七賢人よろしく、どちらかといえば仕事をせずに高等遊民でいたいようなところがあるわけですね。男性の方が東洋的で、自分を捨てて自然とともに暮らしましょうという荘子的な価値観を代表している。むしろ、すべて合理的に考えれば答えが出ますね、という代表として女性を持ってきたのではないかと読める。だから岡が「恋愛小説として素晴らしい」と評しているのを読むと、「なるほどそうなのか」と逆に新鮮な気持ちもあったのですが、ある作品を残すということには、もっと深いモチベーションがあるのではないかと思うわけです。

だからチューリングも、「機械に知性はあるのか」ということを何もいきなり考えるわけはない。同性愛者である自分とはどんな存在なのか、自分は男なのか女なのか、いったい男と女とは何が本質的に違うのか、実存的な悩みに直面していた。それをテストできるというのであれば、それは学問のモチベーションになる。性というものが曖昧な問題であって、そこを具体的にするために、中性の代表として機械を考えたのだと自然に思い至る。その機械に知性を吹き込めるとするのならば、そこには生物としてのセックスはない。チューリング自身のような人物の表現形として機械を考えたのだろうと思います。

そして漱石も似たようなモチベーションで小説を書いたのではないか、と思うわけです。彼の場合は否応なく西洋と東洋の差異というものを考えざるをえなかった。実存に迫るような深い苦悩、問い、というものが大きな研究や創作のモチベーションになったのでしょう。

3000年つづく「概念」を守る

ところで、本書では脳と心の関係のことを数学が最も心をよく表現しているという作業仮説のもとでずっと書いてきました。が、脳はそれぞれみんなが持っているものですから、みんなが日々「脳科学」をしているとも言えます。自分の脳のことは実はよく分かっているはず、ところが、みんながいちばん知りたいことというのは、実は分かっていない。一般の人が興味を示しそうもない専門的な事実は次々と積み重なってきているのだけれども、それを一般の人が興味を持つようなストーリーにどうやってのせたらよいのかは分かっていない。みんなが知りたいと思っている脳の問題を解決にもっていくためには、まだまだピースが集まっていないし、ピースのはめ方も分かっていない。それが脳科学の現状です。ところが、この20年で計測技術はずいぶんと発達しました。神経細胞一つの働きにしてみても、多くの事実が明らかになってきている。でも、まだまだピースは不足しているから、計測技術の革命というものはもう一度必要でしょう。それと同時に、その次に必要なのは「概念の革命」だと私は思っています。ここに、「数学が心だ」というテーゼが深く関係してくるだろうと思っています。

科学者の口癖は「ファクトは大事」というものです。実験をして測定にかかるのかどうか。そして測定にかからないものは優れた理論でもあまり重要視しない傾向が自然科学者にはあります。ところが、測定にかからないものにもとても重要なものがある。まずはコンセプトが先立つものとしてなければならないのではないか、そうでなければ何も捕まえられないのではないか、私はファクトよりもむしろコンセプトが大事だとさえ思っているのです。

つまり、概念ですね。概念は、ある意味現代においては「絶滅危惧種」かもしれません。脳科学においては特に実証のほうが重んじられる傾向にある。でも、新たな概念が生み出されれば、そこでは見方が変わりうる。今までまったく分からなかったことに道筋がついていく、ということがある。だから概念の多様性を守っていくことはきわめて大切だと思います。そうでないと、将来にバトンを渡すのは非常に難しくなってしまうでしょう。

例えばアトム（原子）という概念が古代ギリシャのデモクリトスによって提案されてから量子力学的革命の時代に実証されるまでに、２４００年ほどの時間の開きがあったように、こんなにも長い間、人間がアトムという概念を守り通してきたことは素晴らしいことだと思うのです。今はすぐに「実証しろ」と言われる。概念を提唱したとしても、それは観念的なことにすぎない、実証するほうが大切だと言われてしまう。しかし、私からしてみたら、「いや、まだこの概念を出してから5年しか経ってないではないか」と言いたいわけです。それは３０００年の時の経過に耐えうるものでなければならない。我々は３０００年後の未来の人類のために、たとえすぐに実証されなくてもその概念を守り続ける義務があるのではないかと思うのです。

そのような人類の思念をも数学が的確に表している。紀元前のエジプトやギリシャで土地の区画を決めたいと人々は思いました。この心の動きを現実のものにするために幾何学が生まれ、その面積を測ることで解析学が生まれました。１、２、３と数を数えるのは個物を区別し、また分類するという心の動きです。このことは代数学の基本です。

音楽や美術によって人類は美を表現してきました。美しさを表すのもまた心の動きです。音楽の理論は数学そのものですから、音楽には数学が埋め込まれています。絵画や彫刻の技法にも数学が埋め込まれています。また、人はその心を建造物にも反映させています。アントニオ・ガウディのサグラダファミリアなどはガウディの思念がいまだに形として変化しながら現れている代表例でしょう。ガウディの建築は幾何学そのものです。バックミンスター・フラーの建造物はシナジェティク幾何学の名の通り幾何学です。これらを典型例として現代のほとんどの建築物は幾何学を内包しています。

自然や人工物の中に見られる周期的なパターンや準周期的なパターン、さらにはカオス的で複雑なパターンを美しいと感じるのも、そこに数学が見え隠れするからです。これら、人が作ったものは人の心の発露であり、そこには数学が常に内包されています。すると心はすべて数学なのだと思えてきます。本書を通して私が心に描いてきたのは、実は「心は数学だ」ということなのです。「数学は心だ」というAならばBというテーゼを私が主張することで、読者の心にBならばAである、すなわち「心は数学だ」が浮かんでくれたなら、私の脳が他者である読者の方々の心を表現し得たということができるでしょう。

文庫版あとがき

この度、『心はすべて数学である』(2015年文藝春秋発行。以下、『心はすべて』と略記)を文春学藝ライブラリーから文庫本として出版することになりました。『心はすべて』はカオス力学を基軸として複雑系脳科学分野を開拓してきた筆者の脳と心の関係に関する一試案を広く世に問うために執筆したものでした。古くから哲学、脳科学分野の多くの天才、俊才たちの間で議論が闘わされてきた脳と心の関係について、筆者のような浅学菲才のものが解決策を見出せるとは到底思えませんが、他方で筆者はこれらの人たちとは全く異なる研究経験をしてきましたので、それを基盤に考えるならばさらなる議論のための新しい視点を提供できるのではないか、という考えが芽生えてきたのでした。

それは、数学という学問の意義に関する視点です。筆者は長年数学という学問と向き合いながら(それを〝メシのタネ〟にもしながら)、そもそも数学とは何だろうかと自問してきました。そして、数学の成り立ちから、また数学者の数学への向き合い方を日常的に見るにつけ、数学という学問は人の心の動き方、動かし方を抽象化したものであるという考えに至りました。そして、数学は人類共通の普遍的な心の表現ではないかとまで考えるようになりました。この普遍的な心がコミュニケーションを通して個々人の脳に影響を与え、脳を発達させるのだという考えに至ったのです。個々人の脳活動が心を生み出すのではなく、普遍的な心、すなわち数学的構造が個々の脳活動に対する拘束条件として働くことによって脳が機能分化し、その結果個々人の脳に個々の心が創発されるように見えるのだという考えです。少々荒っぽい言い方をすれば、他者の心の集合体が自己の脳に入り脳を発達させているという考えです。最近、これを「拘束条件付き自己組織化」と称して、他者の情報（心）と自己の脳神経ダイナミクス（脳・身体）の総体を変分する（ある種の最適化）問題として提案しています。

自己組織化を定式化する試みは数学者のノーバート・ウィーナーが提案したサイバネティクスの研究運動の中で最初に行われたようです。それ以前にも自己組織という考え方は、例えば哲学者のアンリ・ベルグソンが提唱した創造的進化という考え方の中に生命的なものが持つ特異な機能に共通する創造（創発）の在り方として見出されますが、概念的に明確化され、数学モデルによる理解が開始されたのはサイバネティクスの時代だと考えられます。複雑系研究の先駆者で精神科医のロス・アシュビーは「自己組織化する動力学システムの原理」において、創発するシステムの状態はある集合に収束し最終的にはその〝吸引集合〟上で新たな創発が行われるという考えを提唱しました。今日の力学系の言葉で言えばアトラクター上で新たな自己組織化が起こるということです。また、物理学者で哲学者のフォン・フェルスターは「雑音の中からの秩序」を強調しました。この意味は自己組織化はランダムな摂動によって促進されるということで、統計物理の考え方を自己組織化理論に取り入れたものだと考えてよいと思います。その後、多くの物理学者、数学者、生物学者、工学者が自己組織化の問題に取り組みました。中でも、特筆すべきはイリヤ・プリゴジンの率いるブリュッセル学派とヘルマン・ハーケンのグループの研究です。両者ともに非平衡状態での非線形システムを扱いました。特に、平衡から遠く離れた非平衡状態を実現するには、系に一定のエネルギーを注入し力学的あるいは化学的な仕事に有効に使えない熱や反応生成物などを系の外に放出し、系を一定レベルの定常状態に置く必要があります。エネルギー散逸が逆に系の自己組織化を促し、「散逸構造」という非平衡構造を生み出します。この非平衡定常状態を非線形熱力学を基盤にして定式化したのがプリゴジンたちでした。ハーケンは非平衡系で典型的な物理系を扱うことで、ミクロな原子、分子の協同的な相互作用がマクロな非平衡の秩序状態を創発する原理を開拓しました。これが「隷属化原理」と呼ばれているものです。これらの自己組織化の数学的定式化は定常状態で行われましたので、系に対する境界条件は固定されています。ですから、この理論（これ自体素晴らしいものですが）を

〝開かれた外部〟と相互作用しコミュニケーションする脳の発達過程や内在する力学則が変化するような〝発展系〟（脳と心の問題はまさにこのような問題です）にはそのままの形で適用することは出来ません。発展系においては境界条件や初期条件は固定されず、他者からやってくる系全体に作用する拘束条件が新たな自己組織現象を生み出します。ですから、従来の自己組織化理論とは異なる変分が必要になったのでした。これが、右で述べた拘束条件付き自己組織化の問題です。

『心はすべて』で展開された右のような「心脳問題」に対する考え方は複雑系とカオス力学系を基盤にしています。そこでこの二つの系について、ここで若干補足しておきたいと思います。まず複雑系です。複雑系の原理として要素還元が不可能であると言われます。それを具体的に表す現象とはどんなものでしょうか。脳の発達過程に見られる機能分化、あるいは成熟脳が課題をこなすときに見られる素早い機能分割という現象があります。脳の機能分化はブロードマンの機能地図が良く知られたものですが、その他にもロジャー・スペリーらの分離脳による大脳半球の機能差も代表例として挙げられます。また、機能分割とはこの機能地図をさらに細分したもので、何らかの課題を遂行するときにミリ秒程度の速さで脳の複数の領域の神経活動が同期して細分された領域を構成することを言います。この細分は課題遂行中も課題ごとにもダイナミックに変化することが知られています。つまり、空間的なサブ領域として定義されるダイナミックな機能領域の存在が明らかになったのです。

ところで、脳においてはそれを構成する神経細胞(ニューロン)やその集合体の機能があらかじめ定まっているわけではありません。これらの発達過程と共に、また何か課題を与えられたときに、脳全体が機能するように構成要素の意味が決まり、またそれが柔軟に変化するのです。脳はあらかじめ機能が決まった要素が相互作用しているのではなく、脳というシステムが身体および他者とのインタラクションやコミュニケーションによって機能するように構成要素が決まっていくようなシステムです。ですから、脳全体の機能を要素に還元することは出来ません。すなわち、脳の柔軟な機能分化・分割による機能発現は脳が複雑系であることの証左なのです。

次にカオスです。本文でも紹介しましたが、カオス現象はこの100年間でカオス力学系として数学の中で定式化されてきました。決定論的な法則が生み出す予測不能で確率論的な現象をカオスと呼んでいます。カオスという発音は古代ギリシャ語やドイツ語、フランス語の発音です。英語の発音はケイオスですが、これは混乱や戦争状態を表しています。むろん古代ギリシャでのカオス概念は、天地創造のおおもとになるもの、秩序と無秩序をともに含む深淵としての意味がありますので、カオスという用語は必ずしも混乱だけを意味するものではないのですが、一般にはこの言葉に対する印象はネガティブなものでしょう。それで、学術用語としては適切ではないのではないかと言われてきました。学術用語として最初にこの言葉を使ったのは米国の数学者ジム・ヨークですが、彼は「周期3はカオスを意味する」という論文のタイトルとして使いました。リー・ヨークの定理として知られているものです。ヨーク自身は chaos という表現とともに scrambled sets（まぜこぜの集合）という表現も考えていて講演では使ったとのことですが、論文には記載しませんでした。しかし、その後、この定理の中で定義されている非可算集合をスクランブルド・セットと呼んで研究する人も出てきました。また、「秩序化された不規則性」など他の呼び方も提案されました。しかし、なじみやすく説明的でない表現だからでしょうか、すぐにカオス（あるいは英米ではケイオス）という言い方のほうが学術用語として定着します。リーとヨークが定義したカオスは連続写像における軌道の位相に関係しているので、〝リー・ヨークの意味のカオス〟と言ったりします。実際、ヨーク本人もカオスの定義はたくさんあってよいし、事実たくさんあると言っています。例えば、軌道不安定性の指標であるリアプノフ指数を使って、少なくとも一つのリアプノフ指数が正である、と定義する人もいますし、力学系のエントロピーで定義する人もいます。もっと実際的に、フーリエ変換した時のパワースペクトルにパワーの高い連続スペクトルが存在することをもってカオスの定義とする人もいます。このように、カオスの定義自体が複雑で多様なのですが、カオスは数学の中にしっかりと根をおろし、そこから新しい数学が実を結び、さらに数学以外のさまざまな分野にも新しい花を咲かせているのです。

文庫化に向けて、『心はすべて』を再チェックし、さまざまな示唆を与えてくださったのは文庫編集部の加藤はるかさんです。加藤さんのチェックをもとに、『心はすべて』を注意深く再読して、勢いのあまり少々行き過ぎた表現や時代に合わない表現などは修正しました。また、人物の生没年も複数の文献で一致しているものを採用しました。古典からの引用の箇所は出版社や翻訳者によってやや異なっていますので、基本は私の手元にある本に倣って書き直しました。これら以外の大きな変更はしておりません。加藤さんの細心の注意を払った言葉遣いの検討による編集作業に対して、ここに深く感謝いたします。

この文庫化によって、『心はすべて』がより広い読者層を得て、より多くの人たちに知的刺激を与えることができれば望外の喜びです。脳と心の関係について、読者の皆さんの考えが広がりますように。本書がその手助けになりますように。

令和5年1月26日　中部大学創発学術院にて

著者

単行本　二〇一五年十二月　文藝春秋刊

DTP制作　ローヤル企画

津田一郎（つだ　いちろう）
1953年、岡山県生まれ。数理科学者。専門は応用数学、計算論的神経科学、複雑系科学。大阪大学理学部物理学科卒業。京都大学大学院理学研究科物理学第一専攻博士課程修了。理学博士。北海道大学大学院理学研究院数学部門教授などを経て、現在、中部大学創発学術院院長・教授。「科学する精神」と「近代を超えること」を実践するために、最適の場として脳の解明を選んだ数学者。著書に『カオス的脳観』（サイエンス社）、『ダイナミックな脳―カオス的解釈』（岩波書店）、『脳のなかに数学を見る』（共立出版）、『数学とはどんな学問か？』（講談社ブルーバックス）ほか、訳書に『カオス―力学系入門』1～3（K.T. アリグッド、T.D. サウアー、J.A. ヨーク著。シュプリンガー・ジャパン、現在は丸善出版）ほか。全日本スキー連盟公認クロスカントリースキー指導員・検定員。

文春学藝ライブラリー
思 28

心（こころ）はすべて数学（すうがく）である

2023年（令和5年）4月10日　第1刷発行

著　者　　津　田　一　郎
発行者　　大　沼　貴　之
発行所　株式会社　文　藝　春　秋
〒102-8008　東京都千代田区紀尾井町 3-23
電話（03）3265-1211（代表）

定価はカバーに表示してあります。
落丁、乱丁本は小社製作部宛にお送りください。送料小社負担でお取替え致します。

印刷・製本　光邦
Printed in Japan
ISBN978-4-16-813105-9

（　）内は解説者。品切の節はご容赦下さい。

上橋菜穂子・津田篤太郎
ほの暗い永久(とわ)から出でて
生と死を巡る対話

母の肺癌判明を機に出会った世界的物語作家と聖路加国際病院の気鋭の医師が、文学から医学の未来まで語り合う往復書簡。未曾有のコロナ禍という難局に向き合う思いを綴る新章増補版。

う-38-1

小倉明彦
実況・料理生物学

「焼豚には前と後ろがある」「牛乳はなぜ白い？」など食べ物に対する疑問を科学的に説明するだけでなく、実際に学生と一緒に料理をして学ぶ、阪大の名物講義をまとめた面白科学本。

お-70-1

須田桃子
合成生物学の衝撃

生命の設計図ゲノムを自在に改変し、人工生命体を作り出す――。ノーベル化学賞受賞のゲノム編集技術や新型コロナワクチン開発、軍事転用。最先端科学の光と影に迫る。（伊与原　新）

す-24-2

立花　隆・利根川　進
精神と物質
分子生物学はどこまで生命の謎を解けるか

百年に一度という発見で、一九八七年ノーベル生理学・医学賞を受賞した利根川進氏に、立花隆氏が二十時間に及ぶ徹底インタビュー。最先端の生命科学の驚異の世界をときあかす。

た-5-3

藤原正彦
天才の栄光と挫折
数学者列伝

自らも数学者である著者が、天才数学者――ニュートン、関孝和、ガロワら九人の足跡を現地まで辿って見つけたものは何だったのか。彼らの悲喜交々の人生模様を描く。（小川洋子）

ふ-26-2

福岡伸一
ルリボシカミキリの青
福岡ハカセができるまで

花粉症は「非寛容」、コラーゲンは「気のせい食品」？　生物学者・福岡ハカセが最先端の生命科学から教育論まで明晰、軽妙に語る。意外な気づきが満載のエッセイ集。（阿川佐和子）

ふ-33-1

福岡伸一
生命と記憶のパラドクス
福岡ハカセ、66の小さな発見

〝記憶〟とは一体、何なのか。働きバチは不幸か。進化に目的はないのか。福岡ハカセが明かす生命の神秘に、好奇心を心地よく刺激される「週刊文春」人気連載第二弾。（劇団ひとり）

ふ-33-2

（　）内は解説者。品切の節はご容赦下さい。

福岡伸一
やわらかな生命
福岡ハカセの芸術と科学をつなぐ旅

可変性と柔軟性が生命の本質。福岡ハカセの話題も生命と同様、八方へ柔軟に拡がる。貴方も一緒に、森羅万象を巡る旅に出かけよう。「週刊文春」連載エッセイ文庫版第三弾。（住吉美紀）

ふ-33-3

福岡伸一
変わらないために変わり続ける
福岡ハカセのマンハッタン紀行

福岡ハカセが若き日を過ごしたニューヨークの大学に、再び留学する。そこで出会う最先端の科学を紹介、文化と芸術を語る。科学も世界もつねに変化していく。（隈　研吾）

ふ-33-4

福岡伸一
ツチハンミョウのギャンブル

NYから東京に戻った福岡ハカセ。二都市を往来しつつ、変わり続ける世の営みを観察する。身近なサイエンスからカズオ・イシグロと食べたお寿司まで、大胆なる仮説・珍説ここにあり！

ふ-33-5

イアン・エアーズ（山形浩生　訳）
その数学が戦略を決める

未来のワインの値段を決め、症状から病気を予測し、最適の結婚相手まで予測する、兆単位のデータがおこす計算革命。気鋭の計量経済学者による知的大興奮の書。文庫版は補章追加。

S-3-1

リチャード・ワイズマン（木村博江　訳）
その科学が成功を決める

ポジティブシンキング、イメージトレーニングなど巷に溢れる自己啓発メソッドは逆効果!?　科学的な実証を元にその真偽を検証。本当に役立つ方法を紹介した常識を覆す衝撃の書。

S-10-1

シーナ・アイエンガー（櫻井祐子　訳）
選択の科学
コロンビア大学ビジネススクール特別講義

社長は平社員よりなぜ長生きなのか。その秘密は自己裁量権にあった。二十年以上の実験と研究で選択の力を証明。NHK白熱教室で話題になった盲目の女性教授の研究。（養老孟司）

S-13-1

クリストファー・チャブリス　ダニエル・シモンズ（木村博江　訳）
錯覚の科学

「えひめ丸」を沈没させた潜水艦艦長は、なぜ〝見た〟はずの船を見落としたのか？　日常の錯覚が引き起こす記憶のウソや認知の歪みをハーバード大の俊才が徹底検証する。（成毛　眞）

S-14-1

（　）内は解説者。品切の節はご容赦下さい。

江藤　淳
近代以前
日本文学の特性とは何か？　藤原惺窩、林羅山、近松門左衛門、井原西鶴、上田秋成などの江戸文藝に沈潜し、外来の文藝・思想の波に洗われてきた日本の伝統の核心に迫る。（内田　樹）
思-1-1

福田恆存（浜崎洋介　編）
保守とは何か
「保守派はその態度によって人を納得させるべきであって、イデオロギーによって承服させるべきではない」――オリジナル編集による最良の「福田恆存入門」。（浜崎洋介）
思-1-2

山本七平
聖書の常識
聖書学の最新の成果を踏まえつつ、聖書に関する日本人の誤解を正し、日本人には縁遠い旧約聖書も含めて、「聖書の世界」全体の見取り図を明快に示す入門書。（佐藤　優）
思-1-3

保田與重郎
わが萬葉集
萬葉集が息づく奈良県桜井で育った著者が歌に吹きこまれた魂の追体験へと誘い、萬葉集に詠みこまれた時代精神と土地の記憶を味わいながら、それが遺された幸せを記す。（片山杜秀）
思-1-4

柳田国男（柄谷行人　編）
「小さきもの」の思想
『遊動論　柳田国男と山人』（文春新書）で画期的な柳田論を展開した思想家が、そのエッセンスを一冊に凝縮。柳田が生涯探求した問題は何か？　各章に解題をそえた文庫オリジナル版。
思-1-5

岡崎乾二郎
ルネサンス　経験の条件
サンタ・マリア大聖堂のクーポラを設計したブルネレスキ、ブランカッチ礼拝堂の壁画を描いたマサッチオの天才の分析を通して、芸術の可能性と使命を探求した記念碑的著作。（斎藤　環）
思-1-6

田中美知太郎
ロゴスとイデア
ギリシャ哲学の徹底的読解によって日本における西洋哲学研究の基礎を築いた著者が、「現実」『未来』「過去」『時間』といった根本概念の発生と変遷を辿った名著。（岡崎満義）
思-1-8

（　）内は解説者。品切の節はご容赦下さい。

大衆への反逆
西部　邁

気鋭の経済学者として頭角を現した著者は本書によって論壇に鮮烈なデビューを果たす。田中角栄からハイエクまでを縦横無尽に論じる社会批評家としての著者の真髄がここにある。

思-1-10

国家とは何か
福田恆存（浜崎洋介　編）

「政治」と「文学」の峻別を説いた福田恆存は政治をどう論じたのか？　福田の国家論が明快にわかるオリジナル編集。「個人なき国家論」批判は今こそ読むに値する。（浜崎洋介）

思-1-12

一九四六年憲法——その拘束
江藤　淳

アメリカの影から逃れられない戦後日本。その哀しみと怒りをもとに、戦後憲法成立過程や日本の言説空間を覆う欺瞞を鋭く批判した20年にわたる論考の軌跡。（白井　聡）

思-1-13

人間とは何か
福田恆存（浜崎洋介　編）

『保守とは何か』『国家とは何か』に続く「福田恆存入門・三部作」の完結編。単なるテクスト論ではなく、人間の手応えをもった文学者の原点を示すアンソロジー。（浜崎洋介）

思-1-15

日本の古代を読む
本居宣長・津田左右吉　他（上野　誠　編）

この国の成立の根幹をなす古代史の真髄とは？　本居宣長、津田左右吉、石母田正、和辻哲郎、亀井勝一郎など碩学の論考を、気鋭の万葉学者が編纂したオリジナル古代史論集。（上野　誠）

思-1-16

民族と国家
山内昌之

21世紀最大の火種となる「民族問題」。イスラム研究の第一人者が20世紀までの紛争を総ざらえ。これで民族問題の根本がわかる、新時代を生きる現代人のための必読書！（佐藤　優）

思-1-17

（　）内は解説者。品切の節はご容赦下さい。

田中美知太郎
人間であること
「人間であること」「歴史主義について」「日本人と国家」など八篇の講演に「徳の倫理と法の倫理」など二篇の論文を加え、日本を代表するギリシア哲学者の謦咳に接する。（若松英輔）
思-1-18

西部　邁
六〇年安保 センチメンタル・ジャーニー
保守派の論客として鳴らした西部邁の原点は、安保闘争のリーダーだった学生時代にあった。あの「空虚な祭典」は何だったのか、共に生きた人々の思い出とともに振りかえる。（保阪正康）
思-1-19

服部龍二
増補版 大平正芳
理念と外交
大平は日中国交正常化を実現したが、首相就任後、環太平洋連帯構想を模索しつつも党内抗争の果て志半ばで逝った。悲運の宰相の素顔と哲学に迫り、保守政治家の真髄を問う。（渡邊満子）
思-1-20

福田恆存
福田　逸・国民文化研究会　編
人間の生き方、ものの考え方
人間は孤独だ。言葉は主観的で、人間同士が真に分かり合うことはない。だから考え続けよ。絶望から出発するのだ——。戦後最強の思想家が、混沌とした先行きを照らし出す。（片山杜秀）
思-1-21

草柳大蔵
特攻の思想
大西瀧治郎伝
大西瀧治郎が主導した特攻誕生の背景には、いかなる戦況の変化、軍内部の動きがあり、それは日本人の精神構造とどう関係したのか？　特攻を送った側の論理に迫る名著。（鶴田浩二）
思-1-22

坪内祐三
一九七二
「はじまりのおわり」と「おわりのはじまり」
札幌五輪、あさま山荘事件、ニクソン訪中等、数々の出来事で彩られたこの年は戦後史の分水嶺となる一年だった。断絶した戦後の歴史意識の橋渡しを試みた、画期的時代評論書。（泉　麻人）
思-1-23